现代数理统计理论与应用实践

易艳春　著

北京工业大学出版社

图书在版编目（CIP）数据

现代数理统计理论与应用实践 / 易艳春著. — 北京：北京工业大学出版社，2018.12（2021.5 重印）

ISBN 978-7-5639-6583-0

Ⅰ. ①现… Ⅱ. ①易… Ⅲ. ①数理统计—研究 Ⅳ. ①O212

中国版本图书馆 CIP 数据核字（2019）第 023434 号

现代数理统计理论与应用实践

著　　者：易艳春
责任编辑：赵圆萌
封面设计：点墨轩阁
出版发行：北京工业大学出版社
（北京市朝阳区平乐园 100 号　邮编：100124）
010-67391722（传真）　bgdcbs@sina.com
经销单位：全国各地新华书店
承印单位：三河市明华印务有限公司
开　　本：787 毫米 ×1092 毫米　1/16
印　　张：10.5
字　　数：210 千字
版　　次：2018 年 12 月第 1 版
印　　次：2021 年 5 月第 2 次印刷
标准书号：ISBN 978-7-5639-6583-0
定　　价：48.00 元

前　言

自 20 世纪以来，由于物理学、生物学、工程技术、农业技术和军事技术发展的推动，数理统计飞速发展，理论课题不断扩大与深入，其应用范围大大拓宽。在最近几十年中，参考统计学多年的发展历史，可以看出，初期人们认识社会主要是通过数据分析实现的，随着社会的不断发展，现代社会除了地质学、工农业生产、气象与灾害预报及医学等领域应用了数据分析，人工智能、信息论、金融数学及医药统计等新兴学科也普遍涉及数理统计知识。

现在，数理统计已发展成为一门与实际紧密相连的理论严谨的数学科学。它内容丰富，结论深刻，有别开生面的研究课题，有自己独特的概念和方法，已经成为近代数学一个有特色的分支。作为应用数学中最活跃的一个学科，数理统计学的特征使其具有非常高的应用价值。与其他学科不同的是，数理统计学除了研究数学方法及理论之外，还注重实际应用，其他学科侧重的是数学演绎法，而数理统计这一学科则强调归纳法。因此，站在学科划分的角度来看，数理统计可以作为数学学科的内容。

虽然数据分析和数理统计之间有很大的联系，但是各个学科都有各自的特征，利用全面调查的方式研究多样化的学科，必定会存在局限性。所以，因数据分析的需要而逐渐产生的数理统计方法，为实现通过部分样本来推测整体的数理统计做铺垫，其统计思想也为现代统计学发展做出了巨大贡献。数理统计方法的出现顺应了社会发展的需要，可以帮助我们了解不同学科间的数据规律及其联系，使我们更好地对每个学科的概况进行全面而细致的分析。

数理统计从最开始以“统而计之”这个简单的理念出现，经过几千年的积累和发展，加上科技的进步和社会生产力的发展，数理统计分析的应用已涉及人文科学、社会科学和自然科学等众多领域。在统计内容、统计方法及数据统计的思想发展中，数理统计占据着非常重要的地位，其作用不可小觑。

在进行科学研究的过程中，经常会遇到描述两个或多个随机变量的关系、描述随机变量的分布特征、离散性质或变量的大小等类似的问题，而数理统计这一数学工具的出现，能够特定地描述随机变量间的关系，成功地解决了上述问题，促进了科学领域的进步。因此，如何将数理统计方法更好地应用于科学研究工作，以及如何有效地运用数理统计方法分析解决具体的科学研究问题，成为数据分析过程中非常关键的部分，也是现代数理统计研究中迫切需要解决的问题。

本书共八章，第一章介绍了数理统计中的随机事件与概率的主要内容，第二章主要研究了随机变量，第三章介绍了统计量及其分布，第四章主要介绍了参数估计及其在实践中的应用，第五章为假设检验及其应用实例，第六章为方差分析与正交试验，第七章介绍了回归分析，第八章为应用数理统计来分析人口。

著者在撰写本书过程中参阅了许多学者的前沿理论，在此一并表示感谢。由于时间和精力有限，书中难免存在缺点甚至谬误，恳请广大读者批评指正。

著　者

2018 年 6 月

目 录

第一章　随机事件与概率

数理统计是一门研究大量随机现象的规律性的数学学科，它理论严谨，应用广泛，是发展迅速的一个数学分支。目前，数理统计的理论与方法已广泛应用于工业、农业、军事和科学技术等领域，内容极其丰富。本章将对随机事件以及概率做简要的介绍。

第一节　随机事件的概念及运算

一、随机现象与随机试验

在自然界及人类社会活动中，所发生的现象是多种多样的，若从其结果能否准确预言的角度去考虑，可分为两大类：一类称为确定性（或必然）现象，另一类称为随机（或偶然）现象。

所谓确定性现象，就是在一定的条件下必然发生（或必然不发生）的现象。例如，在标准大气压下，把水加热到100℃，此时水沸腾是必然发生的现象（而此时水结冰是必然不会发生的现象），只要保持上述条件不变，任何人重复上述实验，该现象的结果总是确定的，这类现象的结果是能准确预言的，研究这类现象的数学工具是线性代数、微积分及微分方程等经典数学理论与方法。为了说明什么是随机现象，让我们先来看几个例子。

例1：某个地区在下月15日是否下雨。那个地区由于受到当时的气温、气压、风向、风力、湿度等气象因素的影响（有些因素在目前是无法控制的），所以，我们不能完全准确地预测该地区下月15日是否下雨。

例2：一位顾客到百货商店，购买衣服、鞋帽，所需要的号码可能是大号的、中号的，也可能是小号的。因此，售货员在顾客购货以前是不能准确预言他所需要的型号的。

例3：同一个车工用同样的材料在同样的工艺条件下生产出来的零件的尺寸总不完全相同，因而每个零件的尺寸在加工完成以前是不能准确预言的。

例 4：从含有一定个数次品的一批商品中任意抽取 3 件，其中次品的个数可能是 0 件，可能是 1 件，可能是 2 件，也可能是 3 件，在未抽取以前人们对其件数是不能确定的。

例 5：某生产队某个品种的小麦在某种管理条件下，亩产量可能低于 200 千克，可能在 200 千克与 250 千克之间，也可能高于 250 千克，在未收割以前也是不能准确预言的。

以上现象的共同特点：在一定的条件下，一种事物可能出现这种结果，也可能出现另一种结果，呈现出一种偶然性。换句话说，我们在事前不能准确地预言它的结果。这种现象称为随机现象。上面举出的各种现象都是随机现象。

各种随机现象的具体内容千变万化，但随机现象本身并非杂乱无章，而是有着一定的规律性的，人们在实践中可以逐步认识和掌握它。例如，考察某个地区是否下雨，气象台根据历史的资料、长期积累的经验和气象学的知识，可以逐步掌握气象变化的客观规律，越来越准确地预报将来的天气趋势。又例如，考察顾客购买衣服、鞋帽，百货商店根据过去统计的资料，分析顾客的消费特点和购买变化，可以逐步掌握顾客需要大号、中号、小号所占的比例，并根据这些来安排商店的进货计划。

通常，人们不论研究何种现象，都离不开对其进行观察（测）或实验。为简便起见，我们把对某现象或对某事物的某个特征的观察（测）以及各种各样的科学实验统称为试验（exPeriment）。为了研究随机现象，同样需要进行试验。这类试验的特征是：在一定的条件下，其试验的可能结果不止一个；一次试验中，可能出现某一结果，也可能出现另一个结果，究竟会出现哪一个试验结果，事先无法准确地预言。对于这类试验，人们在实践中发现，就一次试验而言，其试验结果表现出不确定性（偶然性），似乎难以捉摸，但在大量重复试验下，其试验结果却呈现出某种规律性。例如，对于抛掷硬币试验，一次抛掷，哪一面朝上是随机的（偶然的），但把同一质地均匀的硬币进行成千上万次抛掷，人们发现，“正面朝上”与“反面朝上”这两个试验结果出现的次数大致各占一半。又例如，从含有不合格品的一批某种产品中，任意抽取一件检验，在这一试验下，“抽到合格品”与“抽到不合格品”两个试验结果都有可能发生，具有随机性（偶然性），但当重复抽取时，“抽到合格品”的次数与抽取总次数之比却呈现出某种稳定性。随机现象的这种隐蔽着的内在规律性称为统计规律性。

显然，要获得随机现象的统计规律性，必须在相同的条件下，大量重复地做试验。统计学中，把这类试验称为随机试验（random exPeriment），它们具有下述三个特性：

(1) 试验可以在相同的条件下重复进行；

(2) 每次试验的可能结果不止一个，而究竟会出现哪一个结果，在试验前不能准确地预言；

(3) 试验所有的可能结果在试验前是明确（已知）的。而每次试验必有其中的一个结果出现，并且也仅有一个结果出现。

随机试验简称试验，并用字母 E_1、E_2 等表示。我们就是通过随机试验去研究随机现象的。

二、样本空间

研究任何一个随机试验，不仅要搞清该试验的所有可能结果，还要了解它们的含义，而每一个可能结果的含义是试验后所观察（测）到的最简单的直接结果，它不包含其余的任何一个可能结果。我们把试验后所观察（测）到的这种最简单的每一个直接结果所构成的单元素集合称为该试验的一个基本事件（basic event）。全体结果所构成的集合称为随机试验的样本空间（samPles Pace）。样本空间通常用字母 Ω（或 U）来表示，为了区别不同试验的样本空间，也可以用 Ω_1、Ω_2 等来表示。Ω 中的元素称为样本点（samPle Points），常常用字母 ω（或 e）来表示，必要时也可以用 ω_1、ω_2 等表示不同的样本点。

三、随机事件

样本空间 Ω 的某个子集称为随机事件，简称事件，常用大写字母 A、B、C 等表示。随机事件包括基本事件和复合事件。由一个样本点构成的集合称为基本事件；由多个样本点构成的集合称为复合事件。

某个事件 A 发生当且仅当 A 所包含的一个样本点 ω 出现，记为 $\omega \in A$。例如，在掷骰子的试验中，事件 A 表示“出现偶数点”的事件，且用 ω_i 表示“出现 i 点”，则 A 包含 ω_2，ω_4，ω_6 这三个样本点，所以 A 是复合事件，“出现 2 点”就意味着 A 发生，并不要求 A 的每一个样本点都出现。

Ω 也是自身的子集，称为必然事件，指在每次试验中都必然发生的事件；$\varnothing$ 称为不可能事件，指每次试验都必然不会发生的事件。严格来讲，必然事件与不可能事件反映了确定性现象，也可以说它们并不是随机事件，但为了研究问题的方便，常把它们作为特殊随机事件来处理，即退化的随机事件，如下例所示。

例 1：电话总机在一小时内接到的呼唤次数“不少于 10 次”“在 10 次与 50 次之间”“大于 50 次”等，都是随机事件。

例2：有100件同类产品，其中两件次品。任意抽取3件，在抽取的3件中“1件正品”“2件正品”“3件均为正品”“1件次品”“2件次品”都是随机事件。在抽取的3件产品中“至少1件是正品”是必然要发生的事件，称为必然事件；“3件中都是次品”是不可能发生的事件，称为不可能事件。

四、随机事件之间的关系与运算

（一）随机事件之间的关系

由于事件是样本空间的子集，故事件之间的关系与运算和集合论中集合之间的关系与运算完全类同，但要注意其特有的事件意义。

1. 事件的包含

事件A发生必然导致事件B发生，则称A包含于B或B包含A，记为$A \subset B$，即$A \subset B \Leftrightarrow \{若\ \omega \in A，则\ \omega \in B\}$。

反之，若B不发生，则A必然也不会发生。

显然有：①$\varnothing \subset A \subset \Omega$；②$A \subset B$，$B \subset C$，则$A \subset C$。

2. 事件的相等

若事件$A \subset B$且$B \subset A$，则称A与B相等，记为$A = B$。

3. 事件的互斥

若事件A与B不能同时发生，则称A与B互斥（互不相容），记为$AB = \varnothing$，显然有：①基本事件是互斥的；②$\varnothing$与任意事件是互斥的。

例如，在抽查产品的试验中，抽取5件产品。设事件A =“至少两件次品”，求$\overline{A}$。

回答为：

（1）$\overline{A}$ =“至多两件次品”。

（2）$\overline{A}$ =“恰为一件次品”。

（3）$\overline{A}$ =“至少两件成品”。

这些回答都是错误的。产生的原因是机械背诵对立事件的定义，不理解“至少”“至多”“恰为”等所用语言的含义。

在这里，A =“至少两件次品”

=“两件次品”+“三件次品”+“四件次品”+“五件次品”

而基本事件的全体，记作U。

U =“全是成品”+“一件次品”+“两件次品”+“三件次品”+“四件次品”+“五件次品”

=“全是成品”+“一件次品”+A

则有

$\overline{A}$ = “全是成品” + “一件次品” = “至多一件次品”，或者 $\overline{A}$ = “至少四件成品”。

（二）随机事件的运算应用

1. 事件的并

两个事件 A，B 中至少有一个发生的事件，称为事件 A 与 B 的并（或和）记为 $A \cup B$（或 $A+B$），即 $A \cup B = \{\omega \mid \omega \in A$，或 $\omega \in B\}$。

显然有：① $A \cup A = A$；② $A \subset A \cup B$；③若 $A \subset B$，则 $A \cup B = B$。

2. 事件的交

两个事件 A 与 B 同时发生的事件，称为事件 A 与 B 的交（或积），记为 $A \cap B$（或 AB），即 $A \cap B = \{\omega \mid \omega \in A$ 且 $\omega \in B\}$。

显然有：① $A \cap B \subset A$，$A \cap B \subset B$；②若 $A \subset B$，则 $A \cap B = A$，特别地，$A\Omega = A$；③若 A 与 B 互斥，则 $A \cap B = \varnothing$，特别地，$A\varnothing = \varnothing$。

为直观地表示事件及事件的关系，在概率论中常用长方形表示样本空间 Ω。用一个圆或其他几何图形表示事件 A，点表示样本点 ω_1，见图 1-1，这类图形称为维恩（Venn）图。

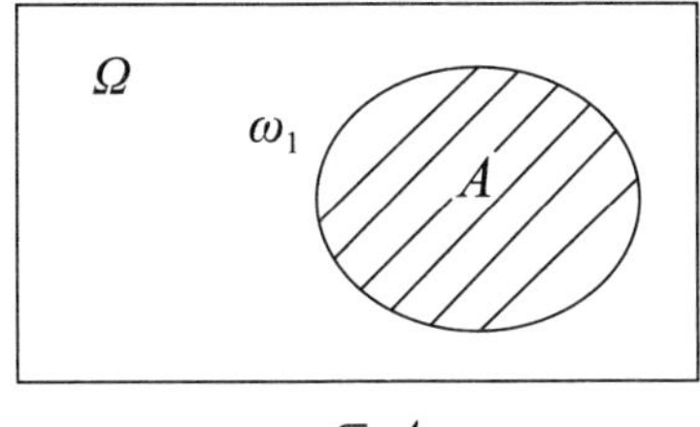

$\omega_1 \in A$

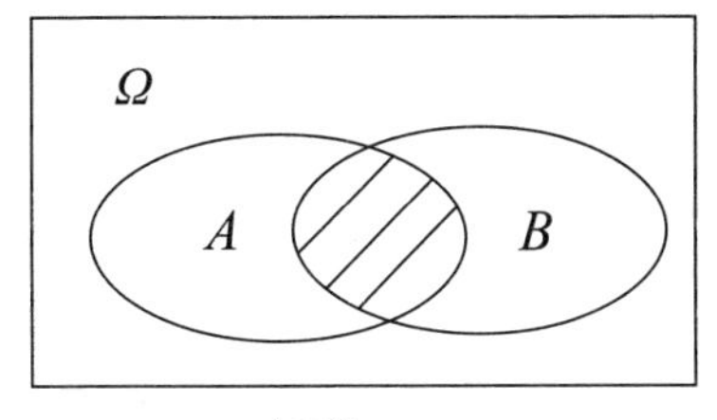

$A \cap B$

图 1-1　事件的维恩图

事件之间的和、积运算可以推广到有限与可列无穷多个事件的情形。

$$\bigcup_{k=1}^{n} A_k = A_1 \cup A_2 \cup \cdots \cup A_n，\quad \bigcup_{k=1}^{\infty} A_k = A_1 \cup A_2 \cup \cdots \cup A_n \cup \cdots；$$

$$\bigcap_{k=1}^{n} A_k = A_1 \cap A_2 \cap \cdots \cap A_n，\quad \bigcap_{k=1}^{\infty} A_k = A_1 \cap A_2 \cap \cdots \cap A_n \cap \cdots。$$

3. 事件的差

事件 A 发生而事件 B 不发生的事件，称为事件 A 与事件 B 的差，记为 $A-B$，即 $A-B = \{\omega \mid \omega \in A$ 而 $\omega \notin B\}$。

显然有：① $A-B = A-AB$，不要求 $A \supset B$，才有 $A-B$，若 $A \subset B$，则 $A-B = \varnothing$；②若 A 与 B 互斥，则 $A-B = A$，$B-A = B$；③ $A-(B-C) \neq A-B+C$，

$(A-B)\cup B=A\cup B\neq A$。

4. 事件的逆

若事件 A 与 B 满足 $A\cup B=\Omega$，且 $AB=\varnothing$，则称 B 为 A 的逆，记为 $B=\overline{A}$，即 $\overline{A}=\{\omega \mid \omega\notin A,\ \omega\in\Omega\}$，$A$，$\overline{A}$ 称为互逆事件或对立事件。

显然有：① $A\cup\overline{A}=\Omega$，$A\cap\overline{A}=\varnothing$；② $A-B=A\overline{B}$。

互逆事件与互斥事件的区别：①互逆必定互斥，互斥不一定互逆；②互逆只在样本空间只有两个事件时存在，互斥还可在样本空间有多个事件时存在。例如，在抛硬币试验中，设 $A=$｛正面｝，$B=$｛反面｝，则 A 与 B 互斥与互逆等价，而在掷骰子试验中，设 $A=$｛1 点｝，$B=$｛2 点｝，则 A 与 B 互斥但不互逆。

（三）事件运算的性质

由前面可知，事件之间的关系与集合之间的关系建立了一定的对应法则，因而事件之间的运算法则与布尔代数中集合的运算法则相同。

(1) 交换律：$A\cup B=B\cup A$，$AB=BA$；

(2) 结合律：$A\cup(B\cup C)=(A\cup B)\cup C$，$A(BC)=(AB)C$；

(3) 分配律：$A\cap(B\cup C)=(AB)\cup(AC)$，$A\cup BC=(A\cup B)\cap(A\cup C)$；

(4) 德莫根（对偶）定律：

$$\overline{\bigcup_{l=1}^{n}A_l}=\bigcap_{i=1}^{n}\overline{A_l}\quad（和的逆=逆的和）$$

$$\overline{\bigcup_{l=1}^{n}A_l}=\bigcap_{i=1}^{n}\overline{A_l}\quad（积的逆=积的和）$$

第二节　概率的概念与定理

一、概率的公理化定义

设 Ω 是给定的试验 E 的样本空间，对于任意一事件 A（$A\subseteq\Omega$），规定一个实数 $P(A)$，若实数 $P(A)$ 满足：

(1) 非负性公理 $0\leqslant P(A)\leqslant 1$；

(2) 规范性公理 $P(\Omega)=1$；

(3) 可列可加性公理：当可列个事件 A_1，A_2，…，A_n 两两相斥时有

$$P\bigcup_{i=1}^{n}A_i=\sum_{i=1}^{n}P(A_i)$$

则称 $P(A)$ 为事件 A (发生) 的概率。

二、概率的性质

由概率的公理化定义可推导出概率的一些重要性质。

性质 1

不可能事件的概率为零，即 $P(\varnothing)=0$。

因为 $\Omega=\Omega+\varnothing+\varnothing+\cdots$，可知

$$P(\Omega)=P(\varnothing)+P(\varnothing)+P(\varnothing)+\cdots$$

所以 $P(\varnothing)=0$。

在概率论中，将概率很小 (小于 0.05) 的事件称为小概率事件。

小概率事件原理，又称为似然推理或实际推断原理；在原假设成立的条件下，如果一个事件发生的概率很小，那么在一次试验中，可以把它看成不可能事件。如果在一次试验中，事件发生了，则矛盾，即原假设不正确。

设某试验中出现事件 A 的概率为 P，不管 P 如何小，如果把试验不断独立地重复下去，那么 A 迟早会出现一次，从而也必然会出现任意多次，而不可能事件是试验中总不会发生的事件。

人们在长期的经验中坚持这样一个观点：概率很小的事件在一次试验中与不可能事件几乎是等价的，即不会发生，如果在一次试验中小概率事件居然发生了，人们会认为该事件的前提条件发生了变化。或者认为该事件不是随机发生的，而是人为安排的，等等，此即为小概率原理的一个应用。如果我们把注意仅停留在小概率事件的极端个别现象上，那么就是杞人忧天。就不敢开车、不敢吃饭，一切都不敢做了。事实上，“天”一定会塌下来的，但在你活着的这段时间内塌下的概率很小，杞人其实是不明白“小概率事件在一次试验中是不可能发生的”。

小概率事件原理是概率论的精髓，是统计学发展、存在的基础，它使得人们在面对大量数据而需要做出分析与判断时，能够依据具体情况的推理来做出决策，从而使统计推断具备严格的数学理论依据。

性质 2

概率具有有限可加性，即若事件 A_1，A_2，$\cdots$，A_n 两两相斥，则

$$P(\sum_{i=1}^{n}A_i)=\sum_{i=1}^{n}P(A_i)$$

令 $A_i=\varnothing$ ($i=n+1$，$n+2$，$\cdots$)，则 A_1，A_2，$\cdots$，A_n，$\varnothing$，$\varnothing$，$\cdots$是两

两互斥的事件，由性质 1 可得

$$P(\sum_{i=1}^{n}A_i)=P(A_1+A_1+\cdots+A_1+\varnothing+\varnothing+\cdots)$$

$$=\sum_{i=1}^{n}P(A_n)+\sum_{i=1}P(\varnothing)=\sum_{i=1}^{n}P(A_i)$$

性质 3

对任意的事件 A，有

$$P(A)=1-P(\overline{A})$$

因为 A 与 $\overline{A}$ 满足 $A\overline{A}=\varnothing$，$A+\overline{A}=\Omega$，所以在性质 2 中令 $n=2$，$A_1=A$，$A_2=\overline{A}$，则

$$P(A+\overline{A})=P(A)+P(\overline{A}_1)$$

而 $P(A+\overline{A})=P(\Omega)=1$，由此推得

$$P(A)=1-P(\overline{A})$$

性质 4

若 $A\supset B$，则

$$P(A-B)=P(A)-P(B)$$

因为 $A\supset B$，且 B 与 $A-B$ 互斥，所以 $A=B+(A-B)$，由性质 2 可知 $P(A)=P(B)+P(A-B)$，即 $P(A-B)=P(A)-P(B)$，由该式不难推出：若 $A\supset B$，则

$$P(A)=1-P(\overline{A})$$

性质 5

设 A，B 是任意两事件，则

$$P(A\cup B)=P(A)+P(B)-P(AB)$$

上式称为加法的一般式。

因为 A 与 $B-AB$ 互斥，所以 $A\cup B=A+(B-AB)$，由性质 2 和性质 4 可推得

$$P(A\cup B)=P[A+(B-AB)]=P(A)+P(B-AB)$$
$$=P(A)+P(B)-P(AB)$$

加法的一般公式可以推广到有限多个事件的情形。例如，对任意的三个事件 A_1，A_2，A_3，则有

$$P(A_1\cup A_2\cup A_3)=P(A_1)+P(A_2)+P(A_3)-$$
$$P(A_1A_2)-P(A_1A_3)-P(A_2A_3)-P(A_2A_3)+P(A_1A_2A_3)$$

一般地，用数学归纳法可证明 n 个任意事件的加法公式为

$$P(\bigcup_{i=1}^{n} A_i) = \sum_{i=1}^{n} P(A_i) - \sum_{1 \leqslant i \leqslant j \leqslant n} P(A_i A_j) + \sum_{1 \leqslant i < j < k \leqslant n} P(A_i A_j A_k) + \cdots + (-1)^n P(A_i A_j \cdots A_n)$$

三、概率的确定方法

公理化定义没有告诉人们如何去确定概率。然而在公理化定义出现之前，概率的频率定义、古典定义、几何定义和主观定义都在一定的场合下，有着确定概率的方法，所以在有了公理化定义后，它们均可以作为概率的确定方法。

（一）确定概率的频率方法

在相同的条件下，重复进行了 n 次试验，若事件 A 发生了 n_A 次，则比值 $\frac{n_A}{n}$，称为事件 A 在 n 次试验中出现的频率，记为

$$f_n(A) = \frac{n_A}{n}$$

而 n_A 称为事件 A 发生的频数，显然频率具有如下性质：

（1）非负性，即对于任意 A 有 $0 \leqslant f_n(A) \leqslant 1$；

（2）规范性，即 $f_n(\Omega) = 1$；

（3）可加性，即若事件 A 与 B 互斥，即 $AB = \varnothing$，则

$$f_n(A \cup B) = f_n(A) + f_n(B)$$

在大量的重复试验中，频率常常稳定于某个常数，称为频率的稳定性，即随着 n 的增加，频率越来越可能接近于概率。我们还容易看到，若随机事件 A 出现的可能性越大，一般来讲，其频率 $f_n(A)$ 也越大。由于事件 A 发生的可能性大小与其频率大小有如此密切的关系，加之频率又有稳定性，故可通过频率来定义概率，这就是概率的统计定义。

在相同的条件下，独立重复地做 n 次试验。当试验次数 n 很大时，如果某事件 A 发生的频率 $f_n(A)$ 稳定地在 [0，1] 上的某一数值 p 附近摆动，而且一般来说随着试验次数的增多，这种摆动的幅度会越来越小，则称数值 p 为事件 A 发生的概率，记为 $P(A) = p$。

概率的统计定义既肯定了任一事件的概率是存在的，又给出了一种概率的近似计算方法，但不足之处是要进行大量的重复试验，而这在有时是不可能实现的。

值得注意的是，概率的统计定义以实验为基础，但这并不等于说概率取决于试验。事实上，事件发生的概率乃是事件本身的一种属性，先于实验而存在。例如，抛硬币，我们首先相信硬币质量均匀，那么在抛之前就已知道

出现正面或反面的机会均等，所以从概率的计算途径来看，概率的描述性定义是先验的，概率的统计定义是后验的，显然两种定义并非等价。

对于重复试验发现的规律性有：掷一颗均匀的骰子，六点朝上的概率为 $\frac{1}{6}$；从装有外质量相同而颜色不同的 a 个白球和 b 个黑球的袋子中，任意摸一球，则能摸到白球的概率为 $\frac{a}{a+b}$。诸如此类事件，只要重复无穷次的试验，该事件发生的概率就是事件频率的稳定值，伯努利大数定律给出了严格的证明。人们把这种有着明确的历史先例和经验的概率称为客观概率。

（二）确定概率的古典方法

引入计算概率的数学模型是在概率论发展过程中最早出现的研究对象，它简单、直观，不需要做大量重复试验，而是在经验、事实的基础上，对被考察事件的可能性进行逻辑分析后得出该事件的概率。如果一个随机试验既满足样本空间中只有有限个样本点（有限性），又满足样本点的发生是等可能的（等可能性），则称这个随机试验为古典型随机试验。

“等可能性”是一种假设，在实际应用中我们需要根据实际情况去判断是否可以认为各基本事件或样本点是等可能的。在许多场合，由对称性和均衡性就可以认为基本事件是等可能的。并在此基础上计算事件的概率，如掷一枚均匀的硬币，经过分析后就可以认为出现正面和反面的概率各为0.5。

设古典概型随机试验的样本空间 $\Omega=\{\omega_1, \omega_2, \cdots, \omega_n\}$，若事件中含有 $k\,(k<n)$ 个样本点，则称 $\frac{k}{n}$ 为事件 A 发生的概率，记为

$$P(A)=\frac{k}{n}=\frac{A\text{中含有的样本点数}}{\text{总样本点数}}$$

显然古典概率具有如下性质：

（1）非负性，即对于任意 A 有 $P(A)\geqslant 0$；

（2）规范性，即 $P(\Omega)=1$；

（3）可加性，即若事件 A 与 B 互斥，则

$$P(A\cup B)=P(A)+P(B)$$

（三）确定概率的几何方法

早在概率论发展初期，人们就认识到，只考虑有限个可能样本点的古典方法是不够的。把等可能推广到无限个样本点场合，便引入了几何概型，由此形成了确定概率的另一方法——几何方法。基本思想是：

（1）设样本空间 Ω 充满某个区域 S，其度量的大小记为 $\mu(S)$；

（2）向区域 S 上随机投掷一点，这里“随机投掷一点”的含义是该点落

入 S 任何部分区域内的可能性只与这部分区域的度量成比例，而与这部分区域的位置和形状无关；

（3）设事件 A 是 S 的某个区域，它的面积为 $\mu(A)$，则向区域 S 上随机投掷一点，该点落在区域 A 的概率为 $P(A)=\dfrac{\mu(A)}{\mu(S)}$。

实际上，许多随机试验的结果未必是等可能的，而几何方法的正确运用，有赖于“等可能性”的正确规定。样本空间 Ω 是某空间的有界区域，A 是 Ω 的可度量子集，即 A 是可测集；Ω 的每一个可测集可视为一个事件，一切可测子集的集合用 F 来表示。

数学是由两个大类——证明和反例组成，数学发现主要是提出证明和构造反例。在数学上要论证一个命题的正确性是相当不易的，而要推翻一个命题，用一个反例就足够了。比如，证明世界上所有天鹅都是白天鹅，你考察了 10 万只天鹅，全是白的，也不能证明此命题；如果你考察了 10 只天鹅，只要有一只不是白的便可推翻此命题。由此可见，对命题构造反例是多么的重要。

不可能事件的概率必为零，反之却未必成立。当考虑的概型为古典概型时，概率为零的事件一定是不可能事件，但对于几何概型，概率为零的事件未必是一个不可能事件。

（四）确定概率的主观方法

前面已经阐述了可重复的随机现象，即客观概率。现在介绍不可重复的随机现象，不可重复的随机现象也就是“一次性事件”，即一次之后不可能再重复，它的存在性和随机性是毋庸置疑的。例如，某气象台预报明天有雨；球迷在比赛前预测比赛结果；买足球彩票猜中奖。对像这样的不可重复随机现象的概率确定，我们只能采用主观的方法。统计界的贝叶斯学派认为：一个事件的概率是人们根据经验对该事件发生的可能性给出的个人信念，这样给出的概率称为主观概率。

关于“一次性事件”的概率计算，由于没有直接的历史先例作为确定概率的根据，且又无法通过实验的手段使用统计方法，因此决策者只能靠主观判断。这种认识主体依据自己的知识、经验和所掌握的相关信息对“一次性事件”发生可能性大小所作的数量估计和判断称之为主观概率。

主观概率的确定除了根据自己的经验外，还可利用别人的经验。例如，对一项风险投资，决策者向某位专家咨询的结果为“成功的概率为 80%”，但决策者根据自己的经验认为这个专家一向乐观，决策者可将结论修正为 70%。不管怎样，主观给定的概率要符合公理化定义。主观概率数值的给出，虽然有赖于主观因素，但是“一次性事件”往往都有着极强的客观背景，主观概率绝不是不联系实际的主观臆断，也正因为这样，才使得主观概率成为一个有用的概念。

“一次性事件”随处可见，特别是在经济决策领域，主观概率的功效更是不言而喻的。当决策者面临“一次性事件”的场合时（比如要判断“一项投资赢利”的概率），往往先是对随机事件的每一种可能结果分配一项主观概率，然后根据所分配的概率制定决策。我们不难想到，在决策分析中使用主观概率固然有风险，但比起什么也不用要好得多。当然适合于某人的决策，即使风险小也未必适合另一个人，因为对他而言，可能仍感到风险太大。的确，许多决策都难免要包含个人判断的成分，而这就是主观概率，人们几乎每天都要使用主观概率。例如，午餐时，要估计就餐餐馆的拥挤程度；外出时，要估计使用某种交通工具的可能性与候车等待时间：购物时，要估计商场某种物品脱销的可能性；医生要估计“一次手术成功”的概率；某教师要估计“某考生在一次高考中考取”的概率；教练要估计“某运动员在比赛中取胜的概率”；等等。

小到一个人，大至一个国家，都存在着决策问题。特别是重大国家事件的决策，比如经济战略的决策、空间科学的决策、军事行动的决策、开采矿藏的决策等，主观概率的作用远比客观概率的作用大很多。20 世纪 50 年代的苏联，正是由于对晶体管发展方向的错误预测，才造成巨大的损失。

四、概率的加法定理

设完成一件事有 m 种方式，第一种方式有 n_1 种方法，第二种方式有 n_2 种方法，…，第 m 种方式有 n_m 种方法，则完成这件事共有 $\sum_{i=1}^{m} n_i$ 种方法。

譬如，某人要从甲地到乙地去，可以乘火车，也可以乘轮船，火车有两班，轮船有三班，那么甲地到乙地共有 2+3 = 5 个班次供旅客选择。

定理 1

如果事件 A，B 互不相容，则

$$P(A+B)=P(A)+P(B)$$

同样的试验重复进行了 n 次，两个互不相容事件 A 与 B 分别发生了 m_1 次和 m_2 次。因为 A 与 B 互不相容，所以两事件之和 $A+B$ 发生了 m_1+m_2 次。于是事件 A，B，$A+B$ 的频率分别等于

$$P(A)=\frac{m_1}{n},\ P(B)=\frac{m_2}{n},\ P(A+B)=\frac{m_1+m_2}{n}$$

故得 $P(A+B)=P(A)+P(B)$。

推论 1

如果 n 个事件 A_1，A_2，…，A_n 互不相容，则

$$P(A_1+A_2+\cdots+A_n)=P(A_1)+P(A_2)+\cdots+P(A_n)$$

不难看到推论 1 是定理 1 的直接推广。

推论 2

如果 n 个事件 A_1，A_2，…，A_n 构成完备事件组，则

$$P(A_1+A_2+\cdots+A_n)=P(A_1)+P(A_2)+\cdots+P(A_n)=1$$

因为 A_1，A_2，…，A_n 构成完备事件组，所以“$A_1+A_2+\cdots+A_n$”是必然事件，而必然事件的概率 $P(U)=1$，故得

$$P(A_1+A_2+\cdots+A_n)=1$$

推论 3

$P(A)=1-P(\overline{A})$

因事件 A 与其对立事件 $\overline{A}$ 构成完备事件组，故由推论 2 得

$$P(A)+P(\overline{A})=1$$

即 $P(A)=1-P(\overline{A})$

定理 2

对于任意两个事件 A、B，则有

$$P(A+B)=P(A)+P(B)-P(AB)$$

因 $A+B=A+B\overline{A}$，即 A 与 $B\overline{A}$ 互斥，根据定理 1，故有

$$P(A+B)=P(A+B\overline{A})=P(A)+P(B\overline{A})$$

又因

$$B=BA+B\overline{A}$$

且 BA 与 $B\overline{A}$ 也是互斥的，故有

$$P(B)=P(BA+B\overline{A})=P(BA)+P(B\overline{A})$$

$P(B\overline{A})=P(B)-P(BA)$

于是便得 $P(A+B)=P(A)+P(B)-P(AB)$

五、概率的乘法定理

（一）条件概率

上面我们所讨论的某事件 A 的概率 $P(A)$ 指在一定条件 S 下，事件 A 发生的概率（“一定条件 S”通常省略不提）。除了一定条件 S 之外，有时还要提出附加的限制条件，也就是要求“在事件 B 已发生的前提下”事件 A 发生

的概率，这就是条件概率的问题。

如果在事件 A 已经发生的条件下计算事件 B 的概率，则这种概率称为事件 B 在事件 A 已发生的条件下的条件概率，记作 $P(B \mid A)$。

例如，一箱中装有 100 件产品，其中正品 95 件，次品 5 件，每次从中任意取 1 件，不重复地取两次，A 表示“第一次取到次品”，B 表示“第二次取到次品”，显然

$$P(A) = \frac{5}{100} = \frac{1}{20}$$

B 的条件概率 $P(B \mid A) = \frac{50-1}{100-1} = \frac{4}{99}$。

（二）概率乘法定理

设完成一件事有 m 个步骤才能完成，第一步有 n_1 种方法，第二步有 n_2 种方法，…，第 m 步有 n_m 种方法，则完成这件事总共有 $\prod_{i=1}^{m} n_i$ 种方法。

譬如，若一个男人有三顶帽子和两件背心，则他可以有 $3 \times 2 = 6$ 种打扮方法。

加法原理和乘法原理是两个很重要的计数原理，它们不但可以直接解决不少具体问题，同时也是推导下面常用排列组合公式的基础。

（1）排列：从 n 个不同元素中任取 r 个元素排成一列。若考虑元素先后出现的次序，则称此为一个排列，此种排列的总数记为 $(n)_r$ 或 A_n^r。由乘法原理可得

$$(n)_r = n(n-1)(n-2)\cdots\cdots(n-r+1) = \frac{n!}{(n-r)!}$$

若 $r = n$，则称为全排列，记为 P_n，显然 $P_n = n!$。

（2）重复排列：从 n 个不同元素中每次取出一个，放回后再取下一个，如此连续 r 次所得的排列称为重复排列，此种排列数共有 n^r，r 可以大于 n。

（3）组合：从 n 个不同元素中任取 $r \leqslant n$ 个元素并成一组，若不考虑时间的先后顺序，则称此为一个组合，此种组合的总数记为 C_n^r，或者 $\binom{n}{r}$。由乘法原理可得

$$\mathrm{C}_n^r = \frac{(n)_r}{r!} = \frac{n!}{(n-r)!r!}$$

规定 $0! = 1$，$\mathrm{C}_n^r = 1$。

（4）重复组合：从 n 个不同元素中每次取出一个，放回后再取下一个，如此连续 r 次所得的组合称为重复组合，此种组合数共有 C_{n+r-1}^r，r 可以大于 n。

组合系数 C_n^r 又称为二项式系数，因为它是二项式展开的系数。

$$(a+b)^n=\sum_{r=0}^{n}\binom{n}{r}a^r b^{n-r}$$

利用该公式，可得到许多有用的组合公式。

令 $a=b=1$，可得

$$\binom{n}{0}+\binom{n}{1}+\binom{n}{2}+\cdots+\binom{n}{n}=2^n$$

令 $a=-1$，$b=1$，可得

$$\binom{n}{0}-\binom{n}{1}-\binom{n}{2}-\cdots+(-1)^n\binom{n}{n}=0$$

由 $(1+x)^{m+n}=(1+x)^m(1+x)^n$，运用二项式展开有

$$\sum_{j=0}^{m+n}\binom{m+n}{j}x^j=\sum_{j_1=0}^{m}\binom{m}{j_1}x^{j_1}\sum_{j_2=0}^{n}\binom{n}{j_1}x^{j_2}$$

比较两边同次幂项 $x^r(0\leqslant r\leqslant m+n)$ 的系数，可得

$$\binom{m+n}{r}=\sum_{i=0}^{r}\binom{m}{i}\binom{n}{r-j}$$

将 n 个不同元素分为 k 组，各组元素数目分别为 r_1，…，r_k 的分法总数为

$$\frac{n!}{r_1!r_2!\cdots r_k!},\quad r_1+r_2+\cdots+r_k=n$$

即

$$C_n^r\cdot C_{n-r_1}^{r_2}\cdots C_{n_k}^{r_k}=\frac{n!}{r_1!r_2!\cdots r_k!}$$

在确定概率的古典方法中经常用到上述四种排列组合，但要注意区别有序与无序、重复与不重复。

（三）独立事件

两事件 A 与 B，如果事件 B 出现的概率不受事件 A 出现的影响，即 $P(B\mid A)=P(B)$ 则称事件 B 对事件 A 独立；相应地，如果事件 A 出现的概率不受事件 B 出现的影响，即 $P(A\mid B)=P(A)$，则称事件 A 对事件 B 独立。这时称两事件 A 与 B 相互独立，简称独立事件。

例如，一枚硬币连掷两次，如果事件 A_1 表示“第一次是面向上”，事件 A_2 表示“第二次也是面向上”，那么事件 A_1 和 A_2 便是相互独立的两个事件。

（四）独立事件的概率乘法定理

两个独立事件同时发生的概率等于各自出现的概率之积。A 与 B 表示两个独立事件，则

$$P(AB) = P(A) \cdot P(B)$$

第二章　随机变量

为了更深入地研究随机现象，需要将随机试验的结果数量化。从上一章我们看到，有些随机试验，其结果直接表现为数量。例如，掷一颗骰子，观察其出现的点数；测试一只灯泡的寿命；等等。但是，有些随机试验，其结果并不直接表现为数量。比如，掷一枚硬币，观察正、反面出现的情况，其结果为正面或反面，并不是数量。又比如，在产房中，观察新生儿的性别，其结果为女孩或男孩，也不是数量。但若我们规定，得正面（男孩）对应于1，得反面（女孩）对应于0，则，上述两个试验的结果便数量化了。再比如，设想在一直线上随机投放一个质点，观察质点所处的位置，其结果为该直线上的一个点，它也并不直接表现为数量。但是，若在直线上建立一个数轴，则质点所处的位置就对应于一个数，即该点的坐标，从而该试验结果也就数量化了。总而言之，无论随机试验的结果是否直接表现为数量，我们总可以使其数量化，使随机试验的结果对应于一个数。

第一节　随机变量及其分布

一、随机变量的定义

设 E 是随机试验，它的样本空间为 $\Omega=\{\omega\}$。如果对于每一个样本点 $\omega\in\Omega$，都有唯一确定的实数 $X(\omega)$ 与之对应，则称 $X(\omega)$ 是一个随机变量，$X(\omega)$ 可简记为 X。

通常，随机变量用大写英文字母 X，Y，Z 等表示，也可以用希腊字母 ε，η，ξ 等表示，而随机变量的具体取值则用小写英文字母 x，y，z 等表示。

通俗地说，随机变量就是随着试验结果（即样本点）的不同而变化的变量（从某种意义上说，它就是样本点的函数）。在试验之前，无法确切预知它取什么值，只知道它可能取值的范围；只有在试验之后，根据试验结果，才知道它的确切取值，由于试验的结果有随机性，各个结果的出现有一定的概率规律，因此随机变量的取值也就有随机性，并有一定的概率规律。

引入随机变量以后，随机试验中出现的各种事件，就可通过随机变量的关系式表达出来。例如，若用 T 表示所测试灯泡的寿命，则事件 { 灯泡寿命小于 200h} 可用 $\{T < 200\}$ 来表示。又如，从一批产品中，任意抽取 10 件检测，若用 X 表示检测的 10 件中的次品数，这时事件 { 次品数不超过 3 件 } 及 { 至少有一件次品 } 就可分别用 $\{0 \leqslant X \leqslant 3\}$ 及 $\{1 \leqslant X \leqslant 10\}$ 来表示。这样一来，就可以把对事件的研究转化为对随机变量的研究，而研究数量化的随机变量，就可更充分地利用数学方法，全面地去研究随机现象及其之间的联系。随机变量是研究随机现象的一个很有效的工具。

通常，随机变量可分为两类：离散型随机变量和非离散型随机变量。非离散型随机变量中最重要、最常用的一类是连续型随机变量。我们基本上只讨论离散型随机变量和连续型随机变量，至于其他类型随机变量 (如混合型随机变量) 一般不涉及。

二、分布函数

为了掌握 X 的统计规律，只需掌握 X 取各个值的概率。这个概率具有累加特性，常用 F 表示，于是我们引入了分布函数 F，常用它来描述随机变量的统计规律。

设 X 为随机变量，x 为任意实数。称函数 $F(x)=P\{X \leqslant x\}$ 为 X 的分布函数，且称 X 服从 $F(x)$，记为 $X \sim F(x)$。

不难证明分布函数 $F(x)$ 具有如下性质：

单调性：$F(x)$ 是单调不减函数，即对任意 $x_1 < x_2$，有 $F(x_1) \leqslant F(x_2)$。

有界性：$F(-\infty)=\lim\limits_{x \to -\infty} F(x)=0$，$F(+\infty)=\lim\limits_{x \to -\infty} F(x)=1$。

右连续性：$F(x)$ 是右连续性函数，即任意 $x \in R$，$F(x+0)=F(x)$。

(1) 设 $x_1 < x_2$，故 $\{X \leqslant x_1\} \subset \{X \leqslant x_2\}$，由概率的单调性可知

$$F(x_1)=P(X \leqslant x_1) \leqslant P(X \leqslant x_2)=F(x_2)$$

(2) 由于 $X \in (-\infty, +\infty)$，所以 $F(-\infty)=P(X \leqslant -\infty)=0$，$F(+\infty)=P(X \leqslant +\infty)=1$，由概率的连续性可知

$$F(-\infty)=\lim_{x \to -\infty} F(x)=\lim_{m \to -\infty} F(m), \quad F(+\infty)=\lim_{x \to +\infty} F(x) \lim_{n \to +\infty} F(n)$$

(3) 因为 $F(x)$ 是单调有界非降函数，所以对其任一点 x_0，右极限 $F(x_0+0)$ 必存在，为了证明右连续性，只要对单调下降的数列 $x_1 > x_2 > \cdots > x_n > \cdots > x_0$，当 $x_n \to x_0 (n \to \infty)$ 时，证明 $\lim\limits_{n \to +\infty} F(x_n)=F(x_0)$ 即可。

$$F(x_1)-F(x_0)=P(x_0<X\leqslant x_1)=P(\bigcup_{i=1}^{+\infty}\{x_{i+1}<X\leqslant x_i\})=\sum_{i=1}^{+\infty}P(x_{i+1}<X\leqslant x_i)$$

$$=\sum_{i=1}^{+\infty}[F(x_i)-F(x_{i+1})]=\lim_{x\to+\infty}[F(x_1)-F(x_n)]=F(x_1)-\lim_{x\to+\infty}F(x_n)$$

由此得

$$\lim_{x\to+\infty}F(x_n)=F(x_0)=F(x_0+0)$$

事实上，我们也可证明如下：

$$\lim_{\Delta x\to 0^+}[F(x+\Delta x)-F(x)]\lim_{\Delta x\to 0^+}P(x<X\leqslant x+\Delta x)=P(x<X\leqslant x)=P(\varnothing)=0$$

以上三条性质是分布函数必须具有的性质，还可以证明：如果函数 $F(x)$ 满足上述三条性质，则必存在概率空间 (Ω, F, P) 及其上的一个随机变量 X，使得 X 的分布函数为 $F(x)$，从而这三个基本性质也成为判断某个函数能否成为分布函数的充要条件。

有了随机变量 X 的分布函数，那么关于 X 的各种事件的概率都可以用分布函数表示，即分布函数可以描述随机变量的统计规律。对于任意 $a,b\in R$ 有：

(1) 随机变量 X 取值不超过 a 的概率可以表示为 $F(a)$，即 $P(X\leqslant a)=F(a)$；

(2) $P(X=a)=F(a)-F(a^-)$，$P(a<X\leqslant b)=F(b)-F(a)$；

特别地，当 $F(x)$ 在 a 点连续时，有 $F(a^-)=F(a)$，即 $P(X=a)=0$。

第二节 离散型随机变量及其分布

一、离散型随机变量

若用随机变量 X 表示掷一颗骰子所得到的点数，其全部可能取值仅有有限多个：1，2，3，4，5，6。若用随机变量 Y 表示直到首次击中目标为止所进行的射击次数，则 Y 的全部可能取值为 1，2，3，…，当把上述 X 或 Y 的全部可能取值描绘在数轴上时，它们无非是数轴上一些离散的点。因此，我们称这类随机变量为离散型随机变量。

如果一个随机变量的全部可能取值，只有有限多个或可列个，则称它是离散型随机变量。

对于一个离散型随机变量所描绘的随机试验，我们不但关心该随机试验都有哪些可能结果，而且更关心各个结果出现的可能性大小。掌握了这两点，就掌握了该随机试验的概率规律。因此，对于离散型随机变量，我们不仅要了解它都可能取到什么值，更应了解它取各可能值的概率。这就引入了离散型随机变量的概率分布律的概念。

设离散型随机变量的全部可能取值为 x_1，x_2，…，x_i，X 取各个可能值相应的概率为

$$p_i = P(X = x_i)\ (i = 1,\ 2,\ \cdots)$$

我们称上面的式子为离散型随机变量 X 的概率分布律（或分布列），简称为 X 的分布律。

一般地，在分布律的表中，将 X 的各个可能取值按从小到大的次序排列，$p_i = 0$ 的项不必列出。

显然，分布律具有如下性质：

$$p_i \geqslant 0\ (i = 1,\ 2,\ \cdots)$$

$$\sum_{i=1}^{\infty} P(X = x_i) = \sum_{i=1}^{\infty} p_i = 1$$

可以证明，任意满足以上两个性质的数列 $\{p_i\}$，都可以作为某个离散型随机变量的分布律。

若以离散型随机变量 X 的可能取值 x_i 作为横坐标，以 $p_i = P(X = x_i)$ 为纵坐标，可把 X 的分布律表示为如图 2-1 形式的竖条图。

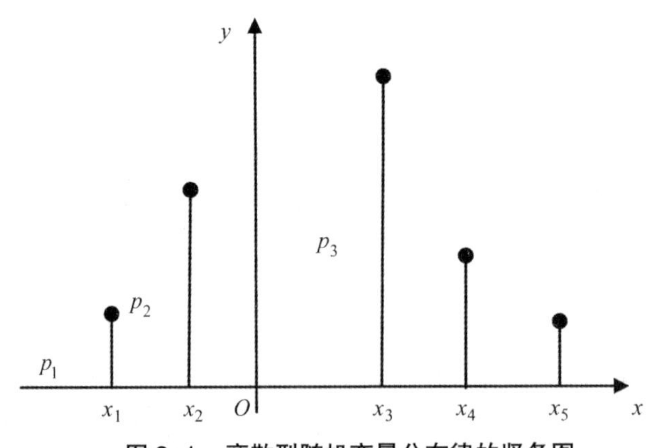

图 2-1　离散型随机变量分布律的竖条图

二、常见的离散型随机变量的概率分布

（一）两点分布

如果随机变量 X 只可能取 0 与 1 两个值，其概率分布为

$$P\{X = 0\} = 1-p,\ P\{X = 1\} = p,\ 0 < p < 1,$$

或写成

$$P\{X = k\} = p^k (1-p)^{1-k},\ k = 0、1,\ 0 < p < 1,$$

则称随机变量 X 服从（0-1）分布或两点分布，它的概率分布也可以写成

X	0	1
p	$1-p$	p

一个事件必然出现，就说它 100% 要出现。100% = 1，所以 100% 出现的含义就是出现的概率 $p=1$，即必然事件的出现概率为 1。

（二）二项分布

如果掷一枚硬币，正面向上的结局的概率为 0.5。反面向上的结局的概率也是 0.5。那么出现正面向上事件或者反面向上事件的概率就是 0.5+0.5 = 1，即二者必居其一。

如果掷两次硬币，根据独立事件的概率乘法定理那么两次都是正面（反面）向上的概率是 $0.5\times0.5=0.25$。另外，第一个是正第二个是反的出现概率也是 $0.5\times0.5=0.25$。同理，第一个是反第二个是正的出现概率也是 $0.5\times0.5=0.25$。于是一正一反的概率是前面两个情况的和，即 $0.25+0.25=2\times0.25=0.5$。它们的合计值仍然是 1。如表 2-1 所示：

表 2-1　抛硬币的正反概论统计表

两个正面的概率	一正一反的概率	两个反面的概率
0.25	2×0.25 = 0.5	0.25

即

$$(a+b)^2=a^2+2ab+b^2$$

而在 $a=0.5$，$b=0.5$ 时，有

$$1^2=(0.5+0.5)^2=0.25+2\times0.5\times0.5+0.25=1$$

这说明掷两次硬币的各个结局的出现概率可以通过对二项式的平方展开而得到。顺此推理可得，对于掷 n 次硬币的各种结局的出现概率也可以通过对二项式的 n 次方的展开而得到。

例如 $n=3$ 时，有（注意 $0.5\times0.5\times0.5=0.125$）

$$\begin{aligned}1^3&=(0.5+0.5)^3\\&=0.125+3\times0.125+3\times0.125+0.125\\&=0.125+0.375+0.375+0.125=1\end{aligned}$$

上式 4 项中的 4 个概率值 0.125、0.375、0.375、0.125 分别对应于“3 正”“2 正 1 反”“1 正 2 反”和“3 反”这四种结局。

注意到对二项式的展开的牛顿公式：

$$(a+b)^n=a^n+na^{n-1}b+\cdots+[\frac{n!}{m!(n-m)!}](a^{n-m}b^m)+\cdots b^n$$

把 a，b 分别等于 0.5 代入上式我们就得到 $n+1$ 项，以其通项而论，它就代表了有 $n-m$ 个正面 m 个反面的事件的出现概率，即这种类型的问题（如掷多次硬币）的概率分布恰好可以用二项式展开的牛顿公式表示，而这也就是为什么把这种概率分布类型称为二项分布的原因。

如果 a，b 并不等于 0.5，那么只要把 A 事件出现的概率以 p 代入，把 B 事件的出现概率以（$1-p$）代入，以上公式仍然正确（$a+b$ 仍然等于 1）。

所以对于仅有 A，B 两个结局的随机事件，如果 A 事件出现概率为 p，B 事件的出现概率为 $1-p$，那么在 n 次随机实验中"A 事件出现 $n-m$ 次，B 事件出现 m 次"的情况（对应一种复合事件）的出现概率 P 应当是

$$P=[\frac{n!}{m!(n-m)!}][p^{n-m}(1-p)^{m}]$$

注意到上面公式的对称性，它也可以写为

$$P=[\frac{n!}{m!(n-m)!}][p^{m}(1-p)^{n-m}]$$

它就是所谓二项分布概型的随机事件的出现概率公式，也是牛顿二项式展开在变量为对应概率值的情况下的通项。

另外，当 $p=0.5$ 时，显然 $p^{m}(1-p)^{n-m}$ 总是等于 $\frac{1}{2^{n}}$，注意到 $[p+(1-p)]^{n}=1$，所以二项式公式展开的 $n+1$ 项的各个系数的合计值应当等于 2^{n}。即

$$\sum_{m=0}^{n}\frac{n!}{m!(n-m)!}=2^{n}$$

上式中并没有 p，所以这个系数和公式与 p 的具体数值无关。

（三）多项分布

把二项分布公式再推广，就得到了多项分布。

某随机实验如果有 k 个可能结局 A_1，A_2，…，A_k，它们的概率分布分别是 p_1，p_2，…，p_k，那么在 N 次采样的总结果中，A_1 出现 n_1 次，A_2 出现 n_2 次，…，A_k 出现 n_k 次的这种事件的出现概率 P 有下面公式：

$$P=\frac{N!}{n_1!n_2!\cdots n_k!}p_1^{n_1}p_2^{n_2}\cdots p_k^{n_i}$$

这就是多项分布的概率公式。把它称为多项式分布显然是因为它是一种特殊的多项式展开式的通项。

我们知道，在代数学里当 k 个变量的和的 N 次方的展开式（$p_1+p_2+\cdots+p_k$）^{N}

是一个多项式，其一般项就是前面的公式给出的值。如果这 k 个变量恰好是可能有的各种结局的出现概率，那么，由于这些概率的合计值对应一个必然事件的概率。而必然事件的概率等于 1，于是上面的多项式就变成了

$$(p_1+p_2+\cdots+p_k)^N=1^N=1$$

即此时多项式的值等于 1。

因为 $(p_1+p_2+\cdots+p_k)^N$ 的值等于 1。我们也就认为它代表了一个必然事件进行了 N 次抽样的概率。当把这个多项式展开成很多项时，这些项的合计值等于 1 提示我们这些项是一些互不相容的事件（N 次抽样得到的）的对应概率，即多项式展开式的每一项都是一个特殊事件的出现概率。于是我们把展开式的通项作为 A_1 出现 n_1 次，A_2 出现 n_2 次，…，A_k 出现 n_k 次的这种事件的出现概率。这样就得到了前面的公式。

如果各个单独事件的出现概率 p_1，p_2，…，p_k 都相等，即 $p_1=p_2=\cdots=p_k=p$，

注意到 $p_1+p_2+\cdots+p_k=1$，就得到 $p_1=p_2=\cdots=p_k=p=\dfrac{1}{k}$。

把这个值代入多项式的展开式，就使展开式的各个项的合计值满足下式：

$$\sum\left[\frac{N!}{n_1!n_2!\cdots n_k!}\right]\left(\frac{1}{k}\right)^N=1$$

即

$$\sum\left[\frac{N!}{n_1!n_2!\cdots n_k!}\right]=k^N$$

以上求和中遍及各个 n_i 的一切可能取的正整数值，但是要求各个 n_i 的合计值等于 N，即

$$n_1+n_2+\cdots n_k=N$$

（四）几何分布

设试验 E 只有两个可能的对立的结果 A 及 $\overline{A}$，并且 $P(A)=P$，$P(\overline{A})=1-p$，其中 $0<p<1$，将试验 E 独立地重复进行下去，直到事件 A 发生为止，如果以 X 表示所需要的试验次数，则 X 是一个随机变量，它可能取的值是 1，2，3，…，由于事件 $\{X=k\}$ 表示前 $k-1$ 次试验中事件 A 都没有发生，而在第 k 次试验中事件 A 发生，因此

$$P\{X=k\}=(1-p)^{k-1}p,\ k=1,2,\cdots$$

我们称随机变量 X 服从几何分布。

（五）泊松分布

设随机变量 X 的所有可能取值为 0，1，2，…，并且

$$P\{X=k\}=\frac{\lambda^k e^{-\lambda}}{k!},\ k=0,\ 1,\ 2,\cdots$$

其中$\lambda>0$是常数，则称随机变量X服从参数为λ的泊松分布，记作$X\sim P(\lambda)$，易知

$$\frac{\lambda^k e^{-\lambda}}{k!}>0,\ k=0,\ 1,\ 2,\cdots$$

$$\sum_{k=0}^{\infty}\frac{\lambda^k e^{-\lambda}}{k!}=e^{-\lambda}\sum_{k=0}^{\infty}\frac{\lambda^k}{k!}=e^{-\lambda}\cdot e^{\lambda}=1$$

在实际问题中经常会遇到服从泊松分布的随机变量，例如，在一个长为τ的时间间隔内某电话交换台收到的电话呼叫次数、某医院在一天内来急诊的病人数、某一本书的一页中的印刷错误数等都服从泊松分布。

第三节　连续型随机变量及其分布

一、连续型随机变量的概率密度

对于随机变量X，如果存在一个定义域为$(-\infty,+\infty)$的非负实值函数$f(x)$使得X的分布函数$F(x)$可以表示为

$$F(x)=P(X\leqslant x)=\int_{-\infty}^{x}f(t)dt(-\infty<x<+\infty)$$

则称X为连续型随机变量，并称$f(x)$为X的概率密度函数，简称为概率密度。易见，概率密度$f(x)$有如下基本性质：

①$f(x)\geqslant 0(-\infty<x<+\infty)$；

②$\int_{-\infty}^{+\infty}f(x)dx=1$；

③对于任意实数a，$b(a<b)$，都有

$$P(a<X\leqslant b)=\int_{a}^{b}f(x)dx$$

还可以证明，任意一个同时满足性质①和性质②的函数，都可以作为某个连续型随机变量的概率密度。

通常，我们称$y=f(x)$的图形为分布密度曲线，性质①的几何意义是分布密度曲线总是位于x轴上方；性质②的几何意义是分布密度曲线与轴之间的总面积为1；性质③的几何意义是X取值于任一区间$(a,\ b]$的概率等于以区间$[a,\ b]$为底，以分布密度曲线为顶的曲边梯形的面积（见图2-2）；而X的分布函数$F(x)$的几何意义是分布密度曲线$y=f(x)$以下，x轴上方，从$-\infty$到x的一块面积（见图2-3）。

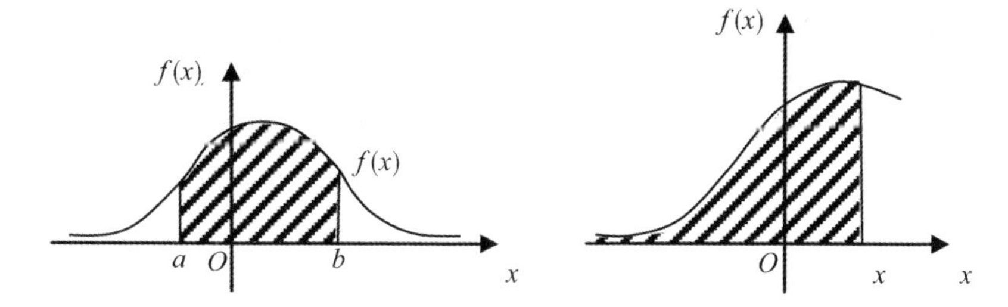

图 2-2　以分布密度曲线为顶的曲边梯形的面积　图 2-3　从 $-\infty$ 到 x 的一块面积

性质③可以进一步推广为如下性质：

对于实数轴上任意一个集合 S（S 可以是若干个区间的并集），有

$$P(X \in S)=\int_{s} f(x)dx$$

由此可见，概率密度可完全刻画出连续型随机变量的概率分布规律。由性质③及积分中值定理可推出如下结论：

在概率密度 $f(x)$ 的连续点处，当 Δx 充分小时，有

$$P(x < X \leqslant x+\Delta x) \approx f(x)\Delta x$$

即 X 取值于 x 邻近的概率与 $f(x)$ 的大小成正比。

当概率密度 $f(x)$ 在某点 x_0 处的值较大时，随机变量 X 在 x_0 邻近取值的可能性就较大；反之，则较小。此处需强调，概率密度 $f(x)$ 的取值本身并不表示概率。

二、常见连续型随机变量的分布

（一）均匀分布

若连续型随机变量 x 的概率密度为

$$f(x)=\begin{cases}\dfrac{1}{b-a}, & a < x < b \\ 0, & \text{其他}\end{cases}$$

则称 X 服从区间 (a, b) 上的均匀分布，记为 $X \sim U(a, b)$ 或 $X \sim R(a, b)$（这里的概率密度 $f(x)$ 中的“$a < x < b$”可改为“$a \leqslant x \leqslant b$”因为两者对应的分布函数是一样的，对于后者，通常将均匀分布记为 $X \sim U[a, b]$）。这时，易见：

（1）$P(X \geqslant b)=P(X \leqslant a)=0$；

（2）对任意满足的 $a < c < d < b$ 的 c，d，有

$$P(c < X < d)=\int_{c}^{d} \frac{1}{b-a} \mathrm{d}x=\frac{d-c}{b-a}$$

这说明，若 $X \sim U(a, b)$，则 X 的取值落入区间 (a, b) 中任一子区间 (c, d) 内的概率，与子区间的具体位置无关，只依赖于子区间的长度，可见，概率的分布在区间 (a, b) 内是均匀的，产生均匀分布的背景是几何概型。

(3) 对于均匀分布 $U(a, b)$，可求其分布函数为

$$F(x)=\begin{cases}0 & x<a \\ \dfrac{x-a}{b-a} & a \leqslant x<b \\ 1 & x \geqslant b\end{cases}$$

在研究四舍五入引起的误差时，常常用到均匀分布。假定在数值计算中，数据只保留到小数点后的第四位，而小数点后第五位上的数字按四舍五入处理。对于随机输入的数据，若用 $\hat{x}$ 表示其值，用 x 表示舍入后的值，则通常认为，随机输入的数据误差 $X=\hat{x}-x$ 服从区间 $(-0.5 \times 10^{-4}, 0.5 \times 10^{-4})$ 上的均匀分布。据此，可对经过大量运算后的数据进行误差分析。

另外，在研究等待时间的分布时，也常常使用均匀分布。假定每隔一定的时间 t_0，有一辆公交车通过某车站。任一随机到达车站的乘客，其候车时间 T，一般可认为服从区间 $(0, t_0)$ 上的均匀分布。

（二）指数分布

若随机变量 X 的概率密度为

$$f(x)=\begin{cases}\lambda \mathrm{e}^{-\lambda x}, & x>0 \\ 0 & x \leqslant 0\end{cases}$$

其中 $\lambda>0$ 为常数，则称 X 服从参数 A 的指数分布，记为 $X \sim E(\lambda)$，此时有

(1) X 的分布函数为 $f(x)=\begin{cases}0, & x \leqslant 0 \\ 1-\mathrm{e}^{-\lambda x} & x>0\end{cases}$

(2) $P(X>t)=\mathrm{e}^{-\lambda x}(t>0)$；

(3)；$P(t_1<X<t_2)=\mathrm{e}^{-\lambda t_1}-\mathrm{e}^{-\lambda t_2}(t_1>0, t_2>0)$

(4) 对任意的 $t>0$，$s>0$，$P(X>s+t \mid X>s)=P(X>t)$，事实上

$$P(X>s+t \mid X>s)=\frac{P(X>s+t, X>s)}{P(X>s)}=\frac{P(X>s+t)}{P(X>s)}$$

$$=\frac{\mathrm{e}^{-\lambda(s+t)}}{\mathrm{e}^{-\lambda s}}=\mathrm{e}^{-\lambda t}=P(X>t)$$

若令 X 表示某一电子元件的寿命，意味着：一个已经使用了 s 小时未损坏的电子元件、能够再继续使用 1 小时以上的概率。与一个新的电子元件能

够使用 t 小时以上的概率相同，这似乎有点不可思议。实际上，它表明该电子元件的损坏纯粹是由随机因素造成的，元件的衰老作用并不显著。正是由于这个原因，我们通常戏称指数分布是“永远年轻”的分布，又称为指数分布的“无记忆性”。所谓无记忆，是说它忘记自己已经被使用了 s 小时，它可再继续使用 t 小时以上的概率与新元件能使用 t 小时以上的概率一样。

正因为指数分布的这一特性，因而常常用它来描述这样一类寿命分布，其衰老作用不明显，或其“生命”的结束主要是随机因素造成的，比如某些电子元器件、某些微生物及某些易损物品的使用寿命等。指数分布中参数的倒数 $\frac{1}{\lambda}$ 的实际意义是使用寿命 X 的平均值。

（三）正态分布

正态分布无论在理论上，还是在实际应用中，都是概率论与数理统计中最重要的分布。自然现象和社会现象中，大量的随机变量都服从或近似服从正态分布，例如各种产品的质量指标，某地区的年降雨量、年平均气温，人的身高或体重，某市一天的用电量，某班的考试成绩等。实践经验和理论研究表明，当一个量可以看成由许多微小的独立随机因素作用的总后果时，这个量一般都服从或近似服从正态分布。例如，灯泡的使用寿命受着原料、工艺、保管、使用环境、电压等因素的影响，而每种因素在正常状态下，都不会对灯泡的使用寿命产生压倒一切的主导作用，因此灯泡的使用寿命在正常状态下服从正态分布。这也正是正态分布名称的由来，正态分布又称为高斯分布，这是因为在历史上，德国数学家高斯在研究误差理论时，较早地引入了这种分布。

正态分布具有以下四种特征。

（1）正态曲线在横轴上方均数处最高。

（2）正态分布以均数为中心，左右对称。

（3）正态分布有两个参数，即均数 μ 和标准差 s。μ 是位置参数，当 s 固定不变时，μ 越大，曲线沿横轴越向右移动；反之，μ 越小，则曲线沿横轴越向左移动。s 是形状参数，当 μ 固定不变时，s 越大，曲线越平阔；s 越小，曲线越尖峭，标准差对离散性的影响。

（4）正态曲线下面积的分布有一定规律。

实际工作中，常需要了解正态曲线下横轴上某一区间的面积占总面积的百分数，以便估计该区间的例数占总例数的百分数（频数分布）或观察值落在该区间的概率。

若随机变量 X 的概率密度为

$$f(x)=\frac{1}{\sqrt{2\pi}\sigma}\mathrm{e}^{-\frac{(x-\mu)^2}{2\sigma^2}}(-\infty<x\leqslant+\infty)$$

其中μ，σ（$\sigma>0$）是两个常数，则称X服从参数为μ，σ的正态分布，记为$X\sim N(\mu,\ \sigma^2)$，这时又称为正态变量。

正态变量的概率密度$f(x)=\frac{1}{\sqrt{2\pi}\sigma}\mathrm{e}^{-\frac{(x-\mu)^2}{2\sigma^2}}$的图形是一条钟形曲线（如图 2-4 所示），我们称之为正态曲线。

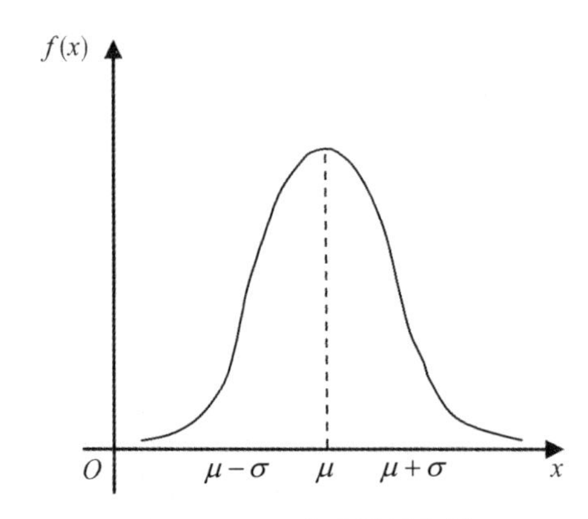

图 2-4　正态曲线示意图

容易知道，正态曲线$y=f(x)$具有如下性质。

（1）曲线关于直线$x=\mu$对称。

（2）当$x=\mu$时，$f(x)$达到最大值$\frac{1}{\sqrt{2\pi}\sigma}$。

（3）曲线以x轴为其渐近线。

（4）当$x=\mu\pm\sigma$时，曲线有拐点。

（5）若固定σ，改变μ的值，则曲线的位置沿x轴平移，曲线形状不发生改变。

（6）若固定μ，改变σ的值，则σ越小，曲线的峰顶越高，曲线越陡峭；σ越大，曲线的峰顶越低，曲线越平坦。

正态分布的参数μ，σ有着鲜明的概率意义：σ的大小表示正态变量取值的集中或分散程度，σ越大，其取值也就越分散；而参数μ则反映了正态变量的平均取值及取值的集中位置。

由正态曲线的上述性质可以看出正态变量取值的如下特征：取$x=\mu$附近的值的可能性较大，取偏离$x=\mu$越远的值的可能性较小，且关于$x=\mu$左右对称。因此，人们简略地把正态变量取值的特征概括为一句话：中间大，两头小，且对称。抓住了正态变量的这一特征，就可以发现，现实生活中存在着大量的正态变量，由此可见正态分布的普遍性。

第三章　统计量及其分布

在概率论及其相关的基础理论中，我们常遇到这样的假设：已知 $X \sim N(\mu, \sigma^2)$ 或已知 $X \sim C[a, b]$，在中心极限定理及大数定律中，诸随机变量 X_i 既独立，又同分布或既有相同的数学期望，又有相同的方差，这样苛刻的条件易让人们怀疑它的应用范围及应用的可能性。实际上，我们在概率论中碰到的概型或概型中的已知常数［如 $N(2, 3^2)$］是怎样来的？随机现象服从某一分布是如何确定的（如指数分布、正态分布、极值分布等）？概率论中并没有回答这些问题，只有数理统计这门学科才能完整地揭示这些问题，但在数理统计的推断中，我们会发现它的基础理论来自概率论。简单地说，概率论中的概型以及未知参数的确定完全来自数理统计中利用样本对总体进行的统计推断，而数理统计中的统计推断的理论基础为概率论。这个有趣的现象有点像“先有鸡还是先有蛋”的问题，然而我们现在的任务是先把鸡和蛋的性质弄清楚，先后问题并不重要。

第一节　总体与样本

我们的研究是有指向性的，比如要研究某地区成年男子的身高，以 X 代表该地区成年男子的身高，则 X 就是总体。一方面，该地区所有成年男子的身高都是总体的一部分，另一方面，我们并不关心其他指标（除非有另外特别要求），只是想得到 X 的分布类型以及分布中的参数值，进而研究 X 的数字特征、特殊概率等实际问题。一种显而易见的办法是：采用某种调查方法，尽可能多地实际了解该地区个体成年男子的身高，然后对资料进行整理、分析、推断。但把该地区所有成年男子的身高资料都搜集起来既不可能也不现实，因为年龄情况一直在变化，且存在着健康、迁移、测量误差等情况，所以我们必须在一定的范围、一定的条件下进行适当的调查。我们把这种调查称为抽样，每个个体资料叫作样本，它来自特定的总体。总体的定义大体为：所研究的随机现象，带有特定指标的全体。一般地，我们以 X 代表随机现象的特定指标，那么X就具备了随机变量的特性，故总体一般记为随机变量X。例如，以X代表某型号发动机寿命，那么所有这种型号发动机都是个体，其指标为寿命，由于条件限制，我们能观察到n台个体的寿命，记为X_1，X_2，…，X_n，则它们称为一个容量为n的子样，叫作随机样本，简称样本。下面考虑关于样本的两个重要问题。

一、总体的概念

比如想调查某校的学生身高，身高这个数量指标就是研究对象。全校学生的身高值是随机变量，不妨设为X，变量应有取值范围，这里的范围就是全校学生的身高取值。X就是总体，也称之为总体X。特别强调总体X是一个随机变量，表达的是所有的取值。总体又分为有限整体和无限整体。研究一个学校学生的身高，自然是有限整体。如果对象是全国正在使用的某种型号灯的寿命，观察值的个数很多，可以认为是无限整体。

总体的分布是未知的，它具有的某种形式是可以建模的，模型中含有着未知参数，这个参数将通过抽样的方式做出推断。

二、样本的种类

仍以某型号发动机寿命为例，如果观测到n台发动机寿命为

$$X_1，X_2，\cdots，X_n$$

称其为完全样本；如果观测n台发动机的运行，到第r台（$r<n$）发动机失效时观测停止，以

$$X_{(1)}，X_{(2)}，\cdots，X_{(r)}$$

代表前r台发动机按先后顺序失效的寿命，则所得到的寿命为定数截尾样本；也可以指定一个固定时间T，到固定时间T后不管有无失效，或失效个数多少，观测停止，所得到的

$$X_{(1)}\leqslant X_{(2)}\leqslant\cdots\leqslant X_{(r)}\leqslant T$$

样本为定时截尾样本；进而可以指定固定时间T与固定数目r，观测进行到r台失效或固定时间T结束，所得到的样本称为混合截尾样本；定数截尾、定时截尾和混合截尾统称为不完全样本。不完全样本在机械工程、电子元件、土木结构可靠性方面应用较广，而经济学上的样本大都为完全样本。

三、样本的双重性

样本的双重性指的是样本既可以看成随机变量，也可以看成一个已经实现的数。了解样本的双重性对于理解统计推断有着重要的意义。如果我们指

定确定的 n 台发动机进行寿命观测，在没有试验之前，每台发动机寿命均未知，体现了它们的随机性，此时每台发动机寿命服从的分布与总体完全相同，以 X_1，X_2，…，X_n 表示。由于每台发动机寿命相互独立，故 X_1，X_2，…，X_n 就是独立同分布的 n 个随机变量，也就是大数定律和中心极限定理中的条件，那么大数定律和中心极限定理中看似严格的条件普遍存在于数理统计中的抽样，这也说明了大数定律及中心极限定理对数理统计的重要性。当试验完成后，n 台发动机寿命已经完全确定，记为 x_1，x_2，…，x_n，则它们是一个确定的数，看成 X_1，X_2，…，X_n 的一个实现。一般地，对于一个总体 X，它的一个完全子样记为 X_1，X_2，…，X_n，此时诸 X_i(i=1，2，…，n)是相互独立的，同分布于总体的随机变量，每个个体都包含了总体的全部信息（类似于系统论中的“从一滴水可以窥见整个太阳”），一般以独立同分布样本表示 X_1，X_2，…，X_n。当样本容量 n 越大，则对总体 X 的统计推断信息越充分。而对于随机样本的一个实现 x_1，x_2，…，x_n，可以利用它们的值对总体的概型及总体的参数进行统计推断。例如，在大数定律中，我们断定随机变量的平均，即

$$\frac{1}{n}\sum_{i=1}^{n}X_i,\ i=1,2,\cdots,\ n$$

接近于常数 μ，对于总体 X 的随机样本 X_1，X_2，…，X_n，诸 X_i，i=1，2，…，n 相互独立同分布（均值为 μ，也是总体的均值 μ），很自然地我们认为样本的一个实现

$$\frac{1}{n}\sum_{i=1}^{n}X_i,\ i=1,2,\cdots,\ n$$

很接近于 μ，因此，对于总体未知参数 μ，可以通过抽样得到其一个很好的近似为

$$\frac{1}{n}\sum_{i=1}^{n}X_i,\ i=1,2,\cdots,\ n$$

四、抽样调查在商业中的应用——以广告业为例

抽样调查是根据部分实际调查结果来推断总体标志总量的一种统计调查方法，属于非全面调查的范畴。它是从全部调查研究对象中，抽选一部分单位进行调查，并据此对全部调查研究对象做出估计和推断的一种调查方法。

（一）抽样调查为广告业发展提供依据

在广告业竞争日益激烈的今天，广告业的任务越来越重、要求越来越高、难度也越来越大。为适应市场经济，广告业必须从传统的“产品”生产观念

转变为“商品”生产观念，把了解广告市场、研究广告市场、适应广告市场、开拓广告市场作为广告现代经营管理的中心。要搞好广告业的现代经营管理，决策是管理的中心，预测是决策的基础，而抽样调查是预测的前提，没有良好的抽样调查，就不会有正确的预测，更不会有科学的决策，自然也不会有好的经济效益。将抽样调查引入广告领域，使之发挥能推动总体策划工作可行性的作用，也是进一步适应广告市场不断发展的需要。

现在不少广告公司注重在提供全面服务上下功夫，这就需要从抽样调查入手，解决广告工作的盲目性。许多广告主渴望通过抽样调查，更科学、更精确地知道广告预期效果。抽样调查在广告业中显示出强大的生命力，这也是由其自身特点所决定的。首先，抽样调查具有尊重科学的立场和超脱性，它从更客观的角度观察、分析问题，因此对广告产品质量，对广告发布的形式与内容、时间、场地等的评价，能采取实事求是的态度，做出比较科学的论证。其次，抽样调查的服务具有高效性和广泛的社会性，它是一个投入少、收效大，可以为广告业、广告主以及受众提供全面服务的好方法。它通过对收集的数据信息进行加工处理，为广告策划提供科学的依据。

（二）抽样调查有着优越的环境条件

广告业应用抽样调查，除了广告策划工作的需求以外，还有环境条件的保证，事实证明抽样调查工作在我国有着优越的发展条件，主要表现为：一是受众的配合程度比较高，作为广告受众的调查对象，人的不同类群比较多，良好的社会风尚使得人们的自觉配合程度也很高；二是广告受众之间的差异程度小，我国虽然由于经济发展的不平衡，区域、民族、阶层间的生活环境、文化水平、生活质量存在一定差异，但是基本的利益分配制度和社会保障制度兼顾了社会各成员的利益，因此社会成员的差异程度小，调查资料的标准差也很小；三是有法律保证和健全的组织推动系统，《统计法》和《广告法》的颁布实施，规定我国公民有义务如实提供统计调查所需要的情况，这为广告公司开展抽样调查提供了法律保证。此外，健全的社区组织系统，如城市的街道、居委会等，调查工作也会得到各级组织的配合和推动。

目前广告公司已具备开展抽样调查的条件，使广告公司开展抽样调查已成为可能。首先，不少广告公司建立了以抽样调查为主的市场调查部，有的广告公司还形成了为广告主服务的调查网络。有了队伍和基地，广告公司的市场调查部可主动出击，组织多目的、多标识的抽样调查的条件已初步具备。其次，各广告公司已普遍拥有计算机等现代媒体设备及技术，这使得抽样调查具备了对大样本、多标识调查数据的汇总处理能力。问卷设计能力、数据处理能力、信息效果检验能力大大提高，受众的社会态度已能科学地测量和统计了。

（三）抽样调查在广告业中的作用

现代广告，使广告经营单位、制作部门、广告媒介单位以及广告主和受众对广告要求越来越高。因此，广告公司的市场调查部一定要充分利用抽样调查的优势，加速广告信息社会化的进程，在广告策划中发挥重大作用，这些作用主要体现在：①在广告经营、策划和制作过程中，发挥思想库和智囊库的作用；②在广告改进中，对广告设计、制作和发布的执行情况及效果发挥监督检查作用；③为保护广告主或广告，发挥警报和信号作用；④为交流广告策划、创意、制作水平的横向信息，发挥找差距和查问题的作用。

我们以“飘逸”营养浴液利用市场普查法制订的广告策划为例。北京丽源化学总厂在为其产品“飘逸”营养浴液进行广告策划时，从宏观上全面调查产品涉及的客源情况，获得了大量有价值的材料。从企业自身条件看，“丽源”采用的是国外华姿技术，在全国同行业中占有优势；从市场情况分析看，浴液产品销路一般，但经过市场调查了解，消费者只愿意购买大瓶包装的讲求实用，而小包装的产品则更适合用于高档以上的各类宾馆。通过全面的市场调查，“丽源”提出了符合实际情况的产品定位，一方面把重点放在城乡各类宾馆上，另一方面加强广告宣传，特别是引导消费者认识此类产品的性能和特点。北京丽源厂的经验表明：通过市场调查，熟悉产品市场情况做到心中有数，在此基础上制订切实可行的广告策划，是产品成功的关键。

第二节　统计量及其分布

数理统计的主要任务是对待研究的总体进行抽样，利用样本进行总体类型的估计、检验，或对已知总体类型的未知参数进行估计、检验，并对估计检验产生的风险进行评估，这些工作统称为统计推断。显然，统计推断必须基于样本，所以，有无样本是概率论与数理统计的分水岭。概率论只关心概型的各种概率及收敛性，而数理统计则基于样本进行推断，推断的依据往往不能简单地基于随机样本，必须基于由样本构成的某种函数形式（如$\frac{1}{n}\sum_{i=1}^{n}X_i$），这种函数我们称之为统计量。

简单地说，如果研究随机现象而没有样本作为支持，则属于概率论或者随机过程的范畴；如果有样本的存在，则属于数理统计或者随机过程统计的研究范畴。

设X_1，X_2，…，X_n为总体X的随机样本，$g(\cdot)$为n维欧几里得空间R^n上的实值函数且$g(\cdot)$不含任何未知参数，则称$g(X_1, X_2, \cdots, X_n)$为统计量。

对于总体X及其随机样本X_1，X_2，…，X_n（x_1，x_2，…，x_n，则为其观测值，下同），常用的几个统计量为

$$\bar{X}=\frac{1}{n}\sum_{i=1}^{n}x_i \text{（样本均值）}$$

$$S_n^2=\frac{1}{n}\sum_{i=1}^{n}(X_i-\bar{X})^2 \text{(样本方差)}$$

$$S_n=\sqrt{S_n^2}=\sqrt{\frac{1}{n}\sum_{i=1}^{n}(X_i-\bar{X})^2} \text{(样本标准差)}$$

$$A_k=\frac{1}{n}\sum_{i=1}^{n}X_i^k \text{(样本}k\text{阶矩)}$$

$$B_k=\frac{1}{n}\sum_{i=1}^{n}(X_i-\bar{X})^k \text{(样本阶中心矩)}$$

$$G_3=\frac{\sqrt{n}\sum_{i=1}^{n}(x_i-\bar{x})^3}{\left[\sum_{i=1}^{n}(x_i-\bar{x})^2\right]^{3/2}} \text{(样本偏度)}$$

$$G_4=\frac{n\sum_{i=1}^{n}(x_i-\bar{x})^4}{\left[\sum_{i=1}^{n}(x_i-\bar{x})^2\right]^{2}}-3 \text{(样本峰度)}$$

故样本均值为样本一阶原点矩，样本方差为样本二阶中心矩。一般而言，统计量的形式或构成都是带有明显意义或趋向性的。

第三节　三大抽样分布

一、抽样分布的概念

从已知的总体中以一定的样本容量进行随机抽样，由样本的统计数所对应的概率分布称为抽样分布。抽样分布是统计推断的理论基础。

如果从容量为N的有限总体抽样，若每次抽取容量为n的样本，那么一共可以得到N^n个样本（所有可能的样本个数）。抽样所得到的每一个样本可以计算一个平均数，全部可能的样本都被抽取后可以得到许多平均数。如果

将抽样所得到的所有可能的样本平均数集合起来便构成一个新的总体，平均数就成为这个新总体的变量。由平均数构成的新总体的分布，称为平均数的抽样分布。随机样本的任何一种统计数都可以是一个变量，这种变量的分布称为统计数的抽样分布。

二、卡方分布 $\chi^2(n)$

定义：若 n 个相互独立的随机变量 ξ_1，ξ_2，……，ξ_n，均服从标准正态分布（也称独立同分布于标准正态分布），则这 n 个服从标准正态分布的随机变量的平方和构成一个新的随机变量，其分布规律称为卡方分布（chi-square distribution）。

（一）卡方检验

卡方检验（chi-square，记为 χ^2 检验）是统计学中常用来进行数据分析的方法，对于总体的分布不做任何假设，因此它属于非参数检验法中的一种。卡方检验是基于卡方分布的一种假设检验方法，理论证明，实际观察次数与理论次数（又称期望次数）之差的平方再除以理论次数所得的统计量，近似服从卡方分布。所以首先得说明什么是卡方分布。

若 k 个独立的随机变量 Z_1，Z_2，…，Z_k，且符合标准正态分布 $N(0, 1)$，则这 k 个随机变量的平方和

$$X=\sum_{i=1}^{k} Z_i^2$$

为服从自由度为 k 的卡方分布，记为：$X \sim \chi^2(k)$，也可以记为：$X\sim\chi^2_k$。

卡方分布的期望与方差分别为：$E(\chi^2)=n$，$D(\chi^2)=2n$，其中 n 为卡方分布的自由度，一般为样本类别数减去 1，也就是 $n=k-1$。

χ^2 检验的基本思想是根据样本数据推断总体的频次与期望频次是否有显著性差异，χ^2 的计算公式为：

$$\chi^2=\frac{(f_o-f_e)^2}{f_e}$$

其中，f_o 为实际观察频次，f_e 为理论值。

这是卡方检验的原始公式，其中当 f_e 越大，近似效果越好。显然 f_o 与 f_e 相差越大，卡方值就越大；f_o 与 f_e 相差越小，卡方值就越小。因此它能够用来表示 f_o 与 f_e 相差的程度。根据这个公式，可认为卡方检验的一般问题是要检验名义型变量的实际观测次数和理论次数分布之间是否存在显著差异。

一般用卡方检验方法进行统计检验时，样本容量不宜太小，理论次数要

求大于或等于 5，否则需要进行校正。如果个别单元格的理论次数小于 5，处理方法有以下四种：

(1) 单元格合并法；

(2) 增加样本数；

(3) 去除样本法；

(4) 使用校正公式。当某一期望次数小于 5 时，应该利用校正公式计算卡方值。校正公式为：

$$\chi^2 = \sum \frac{(|f_o - f_e| - 0.5)^2}{f_e}$$

（二）应用实例

1. 独立性检验

独立性检验主要用于两个或两个以上因素多项分类的计数资料分析，也就是研究两类变量之间的关联性和依存性问题。如果两变量无关联即相互独立，说明对于其中一个变量而言，另一变量多项分类次数上的变化是在无差范围之内的；如果两变量有关联即不独立，说明二者之间有交互作用存在。

独立性检验一般采用列联表的形式记录观察数据。列联表是由两个以上的变量进行交叉分类的频数分布表。它是用于提供基本调查结果的最常用形式，可以清楚地表示定类变量之间是否相互关联。独立性检验又可具体分为以下两种。

(1) 四格表资料的独立性检验：又称为 2×2 列联表的卡方检验。四格表资料的独立性检验用于进行两个率或两个构成比的比较，是列联表的一种最简单的形式。

①专用公式：

若四格表资料四个格子的频数分别为 a，b，c，d，则四格表资料卡方检验的卡方值 = $\dfrac{n\times(ad-bc)^2}{(a+b)(c+d)(a+c)(b+d)}$，自由度 v= (行数 −1) × (列数 −1)。

②应用条件：

要求样本含量应大于 40 且每个格子中的理论频数不应小于 5。当样本含量大于 40 但理论频数又小于 5 的情况时卡方值需要校正，即公式 $\chi^2 = \sum \dfrac{(|f_o - f_e| - 0.5)^2}{f_e}$，当样本含量小于 40 时只能用确切概率法计算概率。

(2) 行 × 列表资料的独立性检验：又称为 R × C 列联表的卡方检验。行

× 列表资料的独立性检验用于多个率或多个构成比的比较。

①专用公式：

r 行 c 列表资料卡方检验的卡方值

$$\chi^2 = n \times \left(\frac{A_{11}}{n_1 n_1} + \frac{A_{12}}{n_1 n_2} + \cdots + \frac{A_{rc}}{n_r n_c} \right) - 1$$

②应用条件：

要求每个格子中的理论频数 T 均大于 5 或 $1 < T < 5$ 的格子数不超过总格子数的 1/5。当有 $T < 1$ 或 $1 < T < 5$ 的格子较多时，可采用并行并列、删行删列、增大样本含量的办法使其符合行 × 列表资料卡方检验的应用条件。多个率的两两比较可采用行 × 列表分割的办法。

案例

为了解男女在公共场所禁烟上的态度，随机调查 100 名男性和 80 名女性。男性中有 58 人赞成禁烟，42 人不赞成；而女性中则有 61 人赞成，19 人不赞成。如表 3-1 所示。那么，男女在公共场所禁烟的问题上所持态度有没有不同？

表 3-1　男女在公共场所禁烟态度

列项 / 行项	赞成	不赞成	行总和
男性	$f_{o11} = 58$	$f_{o12} = 42$	$R_1 = 100$
女性	$f_{o21} = 62$	$f_{o22} = 18$	$R_2 = 80$
列总和	$C_1 = 120$	$C_2 = 60$	$T = 180$

①提出零假设 H_0：男女对公共场所禁烟的态度没有差异。

②确定自由度为 $(2-1) \times (2-1) = 1$，选择显著水平 $\alpha = 0.05$。

③求解男女对在公共场合抽烟的态度的期望值，这里采用所在行列的合计值的乘积除以总计值来计算每一个期望值（如在表 3-2 中：$66.7 = \frac{120 \times 100}{180}$）

表 3-2　男女在公共场所禁烟态度

<table>
<tr><th>列项 / 行项</th><th>赞成</th><th>不赞成</th><th>行总和</th></tr>
<tr><td rowspan="2">男性</td><td>$F_{o11} = 58$</td><td>$F_{o12} = 42$</td><td rowspan="2">$R_1 = 100$</td></tr>
<tr><td>$F_{e11} = 66.7$</td><td>$F_{e12} = 33.3$</td></tr>
<tr><td rowspan="2">女性</td><td>$F_{o21} = 62$</td><td>$F_{o22} = 18$</td><td rowspan="2">$R_2 = 80$</td></tr>
<tr><td>$F_{e21} = 53.3$</td><td>$F_{e22} = 26.7$</td></tr>
<tr><td>列总和</td><td>$C_1 = 120$</td><td>$C_2 = 60$</td><td>$T = 180$</td></tr>
</table>

$$\chi^2=\sum_i\sum_j\frac{(f_{oij}-f_{eij})^2}{f_{eij}}=\frac{(58-66.7)^2}{66.7}+\frac{(42-33.3)^2}{33.3}+\frac{(62-53.3)^2}{53.3}$$

$$+\frac{(18-26.7)^2}{26.7}=7.61$$

自由度 $df=$(行数-1)(列数-1)$=1$　$\chi^2_{0.05}(1)=3.84$，$\chi^2>\chi^2_{0.05}(1)$

2. 拟合性检验

卡方检验能检验单个多项分类名义型变量各分类间的实际观测次数与理论次数之间是否一致的问题，这里的观测次数是根据样本数据得到的实际计数，理论次数则是根据理论或经验得到的期望次数。这一类检验称为拟合性检验，其自由度通常为分类数减去 1。

（三）两种检验的异同

从表面上看，拟合性检验和独立性检验不论在列联表的形式上，还是在计算卡方的公式上都是相同的，所以经常被笼统地称为卡方检验。但是两者还是存在差异的。

首先，两种检验抽取样本的方法不同。抽样时在各类别中分别进行，依照各类别分别计算其比例，这属于拟合优度检验；抽样时并未事先分类，抽样后根据研究内容，把入选单位按两类变量进行分类，形成列联表，这是独立性检验。

其次，两种检验假设的内容有所差异。拟合优度检验的原假设通常假设各类别总体比例等于某个期望概率，而独立性检验中原假设则假设两个变量之间独立。

最后，期望频数的计算不同。拟合优度检验利用原假设中的期望概率，用观察频数乘以期望概率，直接得到期望频数。独立性检验中两个水平的联合概率是两个单独概率的乘积。

三、t 分布

t 分布的定义：设 X_1 服从标准正态分布 $N(0,1)$，X_2 服从自由度为 n 的 χ^2 分布，且 X_1、X_2 相互独立，则称变量 $T=\frac{X_1}{\sqrt{X_2/n}}$ 所服从的分布为自由度为 n 的 t 分布。

t 分布的性质：

(1) $t(x;n)$ 关于 $x=0$ 对称；

(2) $t(x;n)$ 在 $x=0$ 达最大值；

(3) $t(x;n)$ 的 x 轴为水平渐近线；

（4）$\lim\limits_{x\to\infty}(x;\ n)=\frac{1}{\sqrt{2\pi}}e^{-\frac{x^2}{2}}$；即 $n\to\infty$时，t分布$\to N(0,\ 1)$，一般地，当 $n>30$ 时，t 分布与 $N(0,\ 1)$ 非常接近。

（5）当 n 较小时，t 分布与 $N(0,\ 1)$ 有较大的差异，且对 $\forall\ t_0\in R$ 有 $P\{|T|\geqslant t_0\}\geqslant P\{|X|\geqslant t_0\}$，其中 $X\sim N(0,\ 1)$。

即 t 分布的尾部比 $N(0,\ 1)$ 的尾部具有更大的概率。

（6）若 $T\sim t(n)$，则 $n>1$ 时，$E(T)=0$；$n>2$ 时，$D(T)=\frac{n}{n-2}$。

四、F 分布

定义：设 $X\sim\chi^2(m)$，$Y\sim\chi^2(n)$，且 X 与 Y 相互独立，则称随机变量 $F=\frac{\frac{x}{m}}{\frac{y}{n}}$ 所服从的分布是自由度为 $(m,\ n)$ 的 F 分布，记作：$F\sim F(m,\ n)$，其中第一自由度为 m，第二自由度为 n。

χ^2 分布、t 分布、F 分布与正态分布一同构成数理统计中的四大分布。由标准正态总体样本的适当组合构成的统计量形成数理统计中的其他三大基础分布。所以，数理统计中总是以正态总体作为研究对象展开。在数理统计中，“总体”“抽样”“样本”是三个基本概念，分位点是“小概率事件”发生的临界点，置信区间是参数估计和假设检验的核心计算问题。

第四节　抽样分布中的应用实例

一、抽样分布在小学男生身高统计中的应用

从某小学五年级男生中抽取 72 人，测量身高，得到数据（单位：cm）如下：

128.1，144.4，150.3，146.2，140.6，139.7，134.1，124.3，147.9，143.0，143.1，142.7，126.0，125.6，127.7，154.4，142.7，141.2，133.4，131.0，125.4，130.3，146.3，146.8，142.7，137.6，136.9，122.7，131.8，147.7，135.8，134.8，139.1，139.0，132.3，134.7，150.4，142.7，144.3，136.4，134.5，157.3，152.7，148.1，139.6，138.9，136.1，135.9，142.2，152.1，142.4，142.7，136.2，135.0，154.3，147.9，141.3，143.8，138.1，139.7，127.4，146.0，155.8，141.2，146.4，139.4，140.8，127.7，150.7，160.3，148.5，162.5

求这组样本观测值的样本均值、样本方差、修正样本方差、样本中位数、样本 3 阶原点矩。

(1) 样本平均值为

$$\overline{x}=\frac{1}{72}\sum_{i=1}^{72}x_i=140.6889$$

(2) 样本方差为

$$S^2=\frac{1}{72}\sum_{i=1}^{72}(x_i-\overline{x})^2=76.16099$$

(3) 修正样本方差为

$$S^{*2}=\frac{1}{71}\sum_{i=1}^{71}(x_i-\overline{x})^2=77.23368$$

(4) 样本中位数为

$$\tilde{x}=\frac{x_{(36)}+x_{(37)}}{2}=141$$

(5) 样本 3 阶原点矩为

$$\overline{x^3}=\frac{1}{72}\sum_{i=1}^{72}x_i^3=2816929$$

二、抽样分布在奥运会决赛统计中的应用

2008 年北京奥运会女子个人射箭决赛中，中国女子射箭队员张娟娟凭借 12 箭 110 环∶109 环的成绩险胜韩国选手朴成贤，最终获得奥运会冠军。两位选手在决赛中每次射中的环数见表 3-3。

表 3-3　射箭选手决赛成绩表

张娟娟	10	7	9	9	9	9	10	9	10	10	9	9
朴成贤	9	10	10	8	8	10	9	6	9	10	8	10

张娟娟与朴成贤在 2008 年奥运会女子个人射箭出场比赛中每场射出总环数见表 3-4。

表 3-4　射箭选手各场次成绩

张娟娟	109	110	110	106	106	115	110
朴成贤	112	112	115	115	112	109	109

根据表中数据评价两位射箭队员在决赛及整个赛事中的发挥状况。

设 $\overline{x_1}$ 、S_{11}^{*2} 分别为决赛中张娟娟每箭平均环数及其修正样本方差，$\overline{y_1}$ 、S_{21}^{*2} 分别为决赛中朴成贤每箭平均环数及其修正样本方差，经计算得到

$$\overline{x_1}=\frac{1}{12}\sum_{i=1}^{12}x_{1i}=9.166667$$

$$S_{11}^{*2}=\frac{1}{11}\sum_{i=1}^{12}(x_i-\overline{x})^2=0.6969697$$

$$\overline{y_1}=\frac{1}{12}\sum_{j=1}^{12}y_{1i}=9.083333$$

$$S_{21}^{*2}=\frac{1}{11}\sum_{j=1}^{12}(y_{1j}-\overline{y_1})^2=0.810606$$

计算结果显示，张娟娟决赛场平均每箭命中环数高于朴成贤，且稳定性强于朴成贤，因此张娟娟获得奥运会女子个人射箭冠军当之无愧。

再设 $\overline{x_2}$ 、S_{12}^{*2} 分别为张娟娟比赛中各场平均环数及其修正样本方差，$\overline{y_2}$ 、S_{22}^{*2} 分别为朴成贤各场平均环数及其修正样本方差，经计算得到

$$\overline{x_2}=110,\ S_{12}^{*2}=8.4,\ \overline{y_2}=111.5,\ S_{22}^{*2}=5.1$$

计算结果显示，从当届所有参赛场次得分看，朴成贤平均得分高于张娟娟，且稳定性强于张娟娟，其决赛场发挥相对失准。

三、抽样分布在降雨量观测数据统计中的应用

某地区内有 3 个气象观测 y_1，y_2，y_3，10 年来各气象观测站测得的年降雨量如表 3-5 所示。

表 3-5　降雨量观测历史数据

地点＼年份	1981	1982	1983	1984	1985	1986	1987	1988	1989	1990
y_1	185.6	349.5	289.9	243.7	502.4	223.5	432.1	357.6	410.2	235.7
y_2	334.1	321.5	357.4	298.7	401.0	315.4	389.7	355.2	376.4	290.5
y_3	303.2	451.0	219.7	314.5	266.5	317.4	413.2	228.5	179.4	343.7

为了节省开支，想要把 3 个观测站减少到 2 个观测站，问应去掉哪个观测站比较合适？

首先计算观测站 1 降雨量 X_1 与观测站 2 降雨量 X_2 的样本相关系数

$$r_{1,2}=\frac{\sum_{i=1}^{10}(x_{1i}-\overline{x_1})(x_{2i}-\overline{x_2})}{\sqrt{\sum_{i=1}^{10}(x_{1i}-\overline{x_1})^2\sum_{i=1}^{10}(x_{2i}-\overline{x_2})^2}}$$

计算观测站 1 降雨量 X_1 与观测站 3 降雨量 X_3 的样本相关系数

$$r_{1,3}=-0.0895$$

计算观测站 2 降雨量 X_2 与观测站 3 降雨量 X_3 的样本相关系数

$$r_{2,3}=0.3241$$

为此，我们考虑在降雨量线性相关性强的两个站点中去掉一个，并保留包含降雨量信息量大的站点，而方差大的站点所含降雨量信息量大。因观测站 1 的降雨量与观测站 2 的降雨量线性相关性较强，应去掉其中的一个观测站；又由于 X_1 的修正样本方差为

$$S_1^{*2}=\frac{1}{9}\sum_{i=1}^{10}(x_{1i}-\overline{x_1})^2=10819$$

X_2 的修正样本方差为

$$S_2^{*2}=\frac{1}{9}\sum_{i=1}^{10}(x_{2i}-\overline{x_2})^2=1448$$

因此去掉观测站点 2。

四、抽样分布在计算产品容量统计中的应用

某公司生产瓶装洗洁精，规定每瓶装 500 毫升，但是在实际罐装的过程中，总会出现一定的误差，误差的要求控制在一定范围内，假定灌装量的方差 $S^2=1$，如果每箱装 25 瓶这样的洗洁精，试问 25 瓶洗洁精的平均灌装量和标准值 500 毫升相差不超过 0.3 毫升的概率是多少？

记一箱中 25 瓶洗净剂灌装量为 X_1，X_2，…，X_{25} 是来自均值为 μ，方差为 1 的总体的随机样本，根据抽样分布定理 1，近似地有

$$\bar{X}\sim N\left(\mu,\frac{1}{25}\right)$$

$$P\{|\bar{X}-\mu|\leqslant 0.3\}=P\left\{\frac{-0.3}{1/\sqrt{25}}<\frac{\bar{X}-\mu}{1/\sqrt{25}}\leqslant\frac{0.3}{1/\sqrt{25}}\right\}$$

$$\approx\varphi(1.5)-\varphi(-1.5)=2\varphi(1.5)-1=0.8664$$

另：当 $n=50$ 时，同样可算出：

$$P\{|\bar{X}-\mu|\leqslant 0.3\}\approx 0.966$$

对每箱装 25 瓶洗洁精时，平均每瓶灌装量与标准值相差不超过 0.3 毫升的概率近似为 86.64%，类似可得每箱装 50 瓶时 $P=0.966$，所以当增加到 50 瓶时，能更大程度保证平均误差很小，更能保证厂家和商家的利益。

就上述问题，还可以讨论如下问题，如假设装 n 瓶洗洁精，如想要这 n

瓶洗洁精的平均值与标准值相差不超过 0.3 毫升的概率不低于 95%，试问 n 至少等于多少?

由 $\dfrac{x-500}{1/\sqrt{n}} \sim N(0,\ 1)$，得

$$P\{|\bar{X}-\mu| \leqslant 0.3\}=\frac{\bar{x}-500}{1/\sqrt{n}} \leqslant \frac{0.3}{1/\sqrt{n}}$$

$$\approx \varphi(1.5)-\varphi(-1.5)$$

$$=2\varphi(1.5)-1$$

$$=0.8864$$

小样本统计推断——能精确地求出抽样分布，并进行相应的统计推断；

大样本统计推断——样本容量趋于无穷，并求出样本分布的极限分布，然后，在样本容量充分大时，利用该极限分布为抽样分布的近似分布，进而对未知参数进行统计推断。

第四章 参数估计

统计推断，就是根据从总体中抽取得到的一个随机样本对总体进行分析和推断，即由样本来推断总体，或者由部分推断总体——这就是数理统计学的核心内容。它的基本问题包括两大类，一类是估计理论，另一类是假说。估计理论又分为参数估计与非参数估计，参数估计又分为点估计和区间估计两种。本章主要研究参数估计这一部分内容。

第一节 参数估计的概念

一、参数空间

在参数估计中，我们总是假设总体概率密度函数的形式已知，而未知的仅是分布中的几个参数，将未知的参数记为 θ，在统计学中，我们将总体分布未知参数 θ 的全部可容许值组成的集合称为参数空间，记为 Θ。

二、点估计、估计量与估计值

点估计问题就是要构造一个统计量 $d(x_1, x_2, \cdots, x_n)$ 作为参数 θ 的估计量 $\hat{\theta}$。样本中包含着总体的信息，我们希望通过样本集把有关信息提取出来，就是说针对不同要求构造出样本的某种函数，这种函数在统计学中称为统计量。在统计学中 $\hat{\theta}$ 称为 θ 的估计量。如果 $(x_1^i, x_2^i, \cdots, x_n^i)$ 是属于类别 ω_i 的几个样本观察值，代入统计量 d 就得到对于第 i 类的 $\hat{\theta}$ 的具体数值，这个数值在统计学中称为 θ 的估计值。

三、区间估计

除了点估计以外，还有一类估计，它要求用区间 (d_1, d_2) 作为 θ 的可能取值范围，这个区间称为置信区间，这类估计问题就称为区间估计。

第二节　参数的点估计及无偏估计

一、点估计的概念

设 x_1，x_2，…，x_n 是来自总体的一个样本，用于估计未知参数 θ 的统计量 $\hat{\theta}=\hat{\theta}(x_1, x_2, \cdots, x_n)$ 称为 θ 的估计量，或称为 θ 的点估计，简称估计。

统计量 $\hat{\theta}$ 如何构造并没有明确的规定，只要满足一定的合理性即可。最常见的合理性要求是所谓的无偏性。

设 $\hat{\theta}=\hat{\theta}(x_1, x_2, \cdots, x_n)$ 是 θ 的一个估计，θ 的参数空间为 Θ，若对任意的 $\theta\in\Theta$，有

$$E_\theta(\hat{\theta})=\theta$$

则称 $\hat{\theta}$ 是 θ 的无偏估计，否则称为有偏估计。

无偏估计的含义：无偏性要求可改写为 $E(\hat{\theta}-\theta)=0$，表示无偏估计没有系统偏差。在使用 $\hat{\theta}$ 估计 θ 时，由于样本的随机性，$\hat{\theta}$ 与 θ 总是有偏差的，这种偏差时而（对某些样本观测值）为正，时而（对某些样本观测值）为负，时而大，时而小。无偏性表示把这些偏差平均起来其值为 0。而若估计不具有无偏性，则无论使用多少次，其平均也会与参数真值有一定的距离，这个距离就是系统误差。

（1）对任意总体 X，若 $E(X)=\mu$，$D(X)=\sigma^2$，x_1，x_2，…，x_n 是来自 X 的样本，则 $E(\bar{X})=\mu$ $E(S^2)=\sigma^2$。

（2）当总体 X 的 k 阶矩存在时，样本的 k 阶原点矩 α_k 是总体 k 阶原点矩 μ_k 的无偏估计，但对 k 阶中心矩则不一样。

证明：（1）

$$E(\bar{X})=E(\frac{1}{n}\sum_{i=1}^{n}x_i)=\frac{1}{n}\sum_{i=1}^{n}E(x_i)=\frac{1}{n}n\mu=\mu$$

$\bar{X}$ 是 μ 的无偏估计，

又因为对任意的随机变量 X 有

$$D(X)=E(X^2)-[E(X)^2]$$

从而

$$E(X^2)=D(X)+[E(X)^2]$$

且

$$D(\bar{X})=D(\frac{1}{n}\sum_{i=1}^{n}x_i)=\frac{1}{n^2}\sum_{i=1}^{n}D(x_i)=\frac{1}{n^2}n\sigma^2=\frac{\sigma^2}{n}$$

所以

$$\begin{aligned}E(S^2)&=E\left[\frac{1}{n-1}\sum_{i=1}^{n}(x_i-\bar{x})^2\right]\\&=E\left[\frac{1}{n-1}(\sum_{i=1}^{n}x_i^2-n\bar{x}^2)\right]\\&=\frac{1}{n-1}\left[\sum_{i=1}^{n}E(x_i^2)-nE(\bar{x}^2)\right]\\&=\frac{1}{n-1}\left[\sum_{i=1}^{n}(\sigma^2+\mu^2)-n\left(\frac{\sigma^2}{n}+\mu^2\right)\right]\\&=\frac{1}{n-1}\left(n\sigma^2+n\mu^2-\sigma^2-n\mu^2\right)\\&=\sigma^2\end{aligned}$$

故$S^2=\dfrac{1}{n-1}\sum_{i=1}^{n}(x_i-\bar{x})^2$是$\sigma^2$的无偏估计，

而$S_n^2=\dfrac{1}{n}\sum_{i=1}^{n}(x_i-\bar{x})^2$不是$\sigma^2$的无偏估计。

由于$S_n^2=\dfrac{n-1}{n}S^2$，故 $E(S_n^2)=\dfrac{n-1}{n}E(S^2)=\dfrac{n-1}{n}\sigma^2<\sigma^2$。

由此知：采用S^2作为σ^2的估计量，不会产生系统偏差。

(2)x_1，x_2，…，x_n与总体X同分布，所以，

$$E(x_i^k)=E(X^k)=\mu_k，i=1，2，\cdots，n，k=1，2，\cdots，$$

$$E(\alpha_k)=E\left(\frac{1}{n}\sum_{i=1}^{n}x_i^k\right)=\frac{1}{n}\sum_{k=1}^{n}E(x_i^k)=\frac{1}{n}n\mu_k=\mu_k$$

故α_k是μ_k的无偏估计。

由(1)知：对于k阶中心矩则不一样(S_n^2不是σ^2的无偏估计)。

由于$E(S_n^2)=\dfrac{n-1}{n}\sigma^2<\sigma^2$，因此用$S_n^2$估计$\sigma^2$有偏小的倾向，特别在小样本情况下要使用$S^2$作为$\sigma^2$的估计量(当$n\geqslant 2$时，$S_n^2<S^2$)，因此无偏估计是对小容量样本的要求。

无偏性不具有不变性，即若$\hat{\theta}$是θ的无偏估计，一般而言，其函数$g(\hat{\theta})$不是$g(\theta)$的无偏估计，除非$g(\theta)$是θ的线性函数。

设总体X服从正态分布$N(\mu，\sigma^2)$，x_1，x_2，…，x_n是样本，

已知$E(S^2)=\sigma^2$，但$E(S)\neq\sigma$。

分析：$Y=\frac{(n-1)s^2}{\sigma^2}\sim x^2(n-1)$，密度为$p(y)=\frac{1}{2^{\frac{n-1}{2}}\Gamma\left(\frac{n-1}{2}\right)}y^{\frac{n-1}{2}-1}\mathrm{e}^{-\frac{y}{2}}$，$y>0$。

从而

$$E(Y^{\frac{1}{2}})=\int_0^{\infty}y^{\frac{1}{2}}p(y)\mathrm{d}y=\frac{1}{2^{\frac{n-1}{2}}\Gamma\left(\frac{n-1}{2}\right)}\int_0^{\infty}y^{\frac{n}{2}-1}\mathrm{e}^{-\frac{y}{2}}\mathrm{d}y$$

令$y=2x$，则$\int_0^{\infty}y^{\frac{n}{2}-1}\mathrm{e}^{-\frac{y}{2}}\mathrm{d}y=\int_0^{\infty}(2x)^{\frac{n}{2}-1}\mathrm{e}^{-x}\mathrm{d}(2x)$

$$=2^{\frac{n}{2}}\int_0^{\infty}x^{\frac{n}{2}-1}\mathrm{e}^{-x}\mathrm{d}x$$

$$=2^{\frac{n}{2}}\Gamma(\frac{n}{2})$$

所以

$$E(Y^{\frac{1}{2}})=\frac{2^{\frac{n}{2}}\Gamma(\frac{n}{2})}{2^{\frac{n-1}{2}}\Gamma(\frac{n-1}{2})}=\sqrt{2}\frac{\Gamma(\frac{n}{2})}{\Gamma(\frac{n-1}{2})}$$

由此有

$$E(s)=\frac{\sigma}{\sqrt{n-1}}E\left(y^{\frac{1}{2}}\right)=\sqrt{\frac{2}{n-1}}\cdot\frac{\Gamma(\frac{n}{2})}{\Gamma\left(\frac{n-1}{2}\right)}\cdot\sigma\equiv\frac{\sigma}{c_n}$$

这说明$E(S)\neq\sigma$，利用修正技术可使C_nS是σ的无偏估计，其中$C_n=\sqrt{\frac{n-1}{2}}\cdot\frac{\Gamma(\frac{n-1}{2})}{\Gamma(\frac{n}{2})}$是修偏系数，给出了$C_n$的部分取值。可以证明，当$n\to\infty$时有$C_n\to 1$，说明$S$是$\sigma$的渐近无偏估计，从而在样本容量较大时，不经修正的$S$也是$\sigma$的一个很好的估计。

有时参数θ的无偏估计又不止一个。

例（补充）：从均值为μ，方差为σ^2的总体X中取容量为3的样本：x_1，x_2，$\cdots$，x_n，则

$$\hat{\mu}_1=\bar{x}，\hat{\mu}_2=\frac{1}{2}x_1+\frac{1}{3}x_2+\frac{1}{6}x_3，\hat{\mu}_3=x_2$$

都是μ的无偏估计。

证明：$\because E(\hat{\mu}_1)=E(\bar{x})=\mu$，$E(\hat{\mu}_2)=\frac{1}{2}E(x_1)+\frac{1}{3}E(x_2)+\frac{1}{6}E(x_3)=\mu$，

$E(\hat{\mu}_3)=E(x_2)=\mu$，

$\therefore \hat{\mu}_1$，$\hat{\mu}_2$，$\hat{\mu}_3$都是μ的无偏估计。

如何选择μ的估计？希望估计围绕θ的真值的波动越小越好，而波动的大小可用方差衡量。

二、参数的无偏估计

设$\hat{\theta}_1$和$\hat{\theta}_2$都是θ的无偏估计，如果对任意的$\theta \in \Theta$有

$$D(\hat{\theta}_1) \leqslant D(\hat{\theta}_2)$$

且至少有一个$\Theta \in \Theta$使得上述不等号严格成立，则称$\hat{\theta}_1$比$\hat{\theta}_2$有效，在上例中，$D(\hat{\theta}_1) = D(\bar{x}) = \frac{1}{3}\sigma^2$，$D(\hat{\theta}_2) = \frac{14}{36}\sigma^2$，因$\frac{1}{3} < \frac{14}{36} < 1$，所以，$\hat{\theta}_1 = \bar{x}$是$\Theta$的有效估计。即在样本中，用全部数据的平均估计总体均值比只使用部分数据更有效。

证明在样本的一切线性组合中，$\bar{x}$是总体期望值μ的无偏估计中最有效的估计量。

证明：设x_1，x_2，…，x_n是来自总体X的样本，$a_1x_1+a_2x_2+\cdots+a_nx_n$是样本的一个线性组合，$\bar{x} = \frac{1}{n}\sum_{i=1}^{n} x_i$，

因为$a_1x_1+a_2x_2+\cdots+a_nx_n$是总体期望值$\mu$的无偏估计，所以

$E(a_1x_1+a_2x_2+\cdots+a_nx_n)=E(X)=\mu$，由期望的性质知：$\sum_{i=1}^{n} a_i = 1$。

又有方差的性质知：

$$D(a_1x_1+a_2x_2+\cdots+a_nx_n) = a_1^2 D(x_1) + a_2^2 D(x_2) + \cdots + a_n^2 D(x_n)$$

$$= (a_1^2 + a_2^2 + \cdots + a_n^2) D(x)$$

$$D(\bar{x}) = \frac{1}{n} D(x)$$

问题转化为：判断$\sum_{i=1}^{n} a_i^2$与$\frac{1}{n}$的大小。

由不等式：$a_i^2 + a_j^2 \geqslant 2a_i a_j$有：

$$(a_1 + a_2)^2 = a_1^2 + a_2^2 + 2a_1a_2 \leqslant 2(a_1^2 + a_2^2),$$

$$(a_1+a_2+a_3)^2 = a_1^2 + a_2^2 + a_3^2 + 2a_1a_2 + 2a_1a_3 + 2a_2a_3$$

$$\leqslant a_1^2 + a_2^2 + a_3^2 + a_1^2 + a_2^2 + a_1^2 + a_3^2 + a_2^2 + a_3^2$$

$$= 3(a_1^2 + a_2^2 + a_3^2),$$

由数学归纳法可证得：

$$(\sum_{i=1}^{n} a_i)^2 \leqslant n\sum_{i=1}^{n} a_i^2 ,$$

所以

$$\sum_{i=1}^{n} a_i^2 \geqslant \frac{1}{n}(\sum_{i=1}^{n} a_i) = \frac{1}{n}$$

$$\therefore D(\sum_{i=1}^{n} a_i x_i) \geqslant D(\bar{x}) ,$$

当 $a_i = \dfrac{1}{n}$，i=1，2，⋯，n 时，“=”成立，否则“>”成立。

在样本的一切线性组合中，$\bar{x}$ 是总体期望值 μ 的有效估计。

设总体为 $N(\mu_0,\ \sigma^2)$，x_1，x_2，⋯，x_n 是样本，其中 μ_0 已知，而 σ^2 未知，证明下列统计量

（1）$S^2 = \dfrac{1}{n-1}\sum_{i=1}^{n}(x_i - \bar{x})^2$；（2）$T^2 = \dfrac{1}{n}\sum_{i=1}^{n}(x_i - \mu_0)^2$

都是 σ^2 的无偏估计，但后者比前者有效。

证明：已知 $E(S^2) = \sigma^2$，且

$$E(T^2) = \frac{1}{n}\sum_{i=1}^{n} E(x_i - \mu_0)^2 = \frac{1}{n}\sum_{i=1}^{n} D(x_i) = \sigma^2 .$$

又因为总体为 $N(\mu_0,\ \sigma^2)$，根据抽样分布理论知：

$$\frac{(n-1)S^2}{\sigma^2} \sim \chi^2(n-1);\quad \frac{nT^2}{\sigma^2} \sim \chi^2(n)$$

$$D\left(\frac{(n-1)S^2}{\sigma^2}\right) = \frac{(n-1)^2}{\sigma^4} D(S^2) = 2(n-1) ;$$

$$\Rightarrow D(S^2) = \frac{2\sigma^4}{n-1} ;$$

从而有

$$D\left(\frac{nT^2}{\sigma^2}\right) = \frac{n^2}{\sigma^4} D(T^2) = 2n$$

$$\Rightarrow D(T^2) = \frac{2\sigma^4}{n}$$

所以

$$D(S^2) < D(T^2)$$

设 X_1，⋯，X_n 是来自均匀总体 $U(0,\ \theta)$ 的样本，可用最大观测值 $X_{(n)}$ 来估计 θ，由于

$$X - p_n(x) = \frac{1}{\theta}, \quad (0 \leqslant x \leqslant \theta)；\quad F_n(x) = \frac{x}{\theta}, \quad (0 \leqslant x \leqslant \theta)；$$

所以

$$x_{(n)} \sim p_n(x) = n(F(x))^{n-1}\ p(x) = n\left(\frac{x}{\theta}\right)^{n-1} \frac{1}{\theta} = n\frac{x^{n-1}}{\theta^n}$$

且

$$E(x_{(n)}) = n\int_0^{\theta} \frac{x^n}{\theta^n} \mathrm{d}x = \frac{n}{\theta^n}\frac{\theta^{n+1}}{n+1} = \frac{n}{n+1}\theta$$

说明 $x_{(n)}$ 不是 θ 的无偏估计，但它是 θ 的渐近无偏估计，经过修偏后可得 θ 的一个无偏估计 $\hat{\theta}_1 = \frac{n+1}{n}x_{(n)}$，且

$$E(x_{(n)}^2) = n\int_0^{\theta} \frac{x^{n+1}}{\theta^n} \mathrm{d}x = \frac{n}{\theta^n}\frac{\theta^{n+2}}{n+2} = \frac{n}{n+2}\theta^2$$

$$D(x_{(n)}) = \frac{n}{n+2}\theta^2 - \frac{n^2}{(n+1)^2}\theta^2 = \frac{n}{(n+1)^2(n+2)}\theta^2$$

所以

$$D(\hat{\theta}_1) = \left(\frac{n+1}{n}\right)^2 D(x_{(n)}) = \left(\frac{n+1}{n}\right)^2 \frac{n}{(n+1)^2(n+2)}\theta^2 = \frac{\theta^2}{n(n+1)}$$

另一方面，由于 $E(X) = \frac{\theta}{2}$，所以 θ 的矩估计为 $\hat{\theta}_2 = 2\bar{x}$。

又 $E(\hat{\theta}_2) = E(2\bar{x}) = 2E(\bar{x}) = 2\frac{\theta}{2} = \theta$，即 $\hat{\theta}_2 = 2\bar{x}$ 也是 θ 的无偏估计，而

$$D(\hat{\theta}_2) = 4D(\bar{x}) = \frac{4}{n}D(X) = \frac{4}{n}\cdot\frac{\theta^2}{12} = \frac{\theta^2}{3n}$$

比较知，当 $n > 1$ 时，$\hat{\theta}_1$ 比 $\hat{\theta}_2$ 有效。

第三节　参数的区间估计

一、区间估计的相关概念

参数点估计给出了一个具体数值，便于计算和应用，但其精度如何，点估计本身不能回答需要由其分布函数反映。实际上，度量估计精度的一个直观方法是给出参数一个估计区间，在参数含于估计区间的概率相同的情况下，估计区间越短越好，这便产生了区间估计。

设 θ 是总体的一个参数，其参数空间为 Θ，X_1，X_2，…，X_n 是来自总体的样本，给定一个 $\alpha(0 < \alpha < 1)$，若有两个统计量 $\hat{\theta}_L$、$\hat{\theta}_U$，对任意 $\theta \in \Theta$，有

$$P(\hat{\theta}_L \leqslant \theta \leqslant \hat{\theta}_U) \geqslant 1-\alpha$$

则称随机区间 $[\hat{\theta}_L, \hat{\theta}_U]$ 为 θ 的置信水平为 $1-\alpha$ 的置信区间，分别称为置信下限和置信上限。

若 $P(\hat{\theta}_L \leqslant \theta \leqslant \hat{\theta}_U) \geqslant 1-\alpha$，则称 $[\hat{\theta}_L, \hat{\theta}_U]$ 为 0 的置信水平为 $1-\alpha$ 的同等置信区间。为便于计算，在实际中我们常用的是同等置信区间。置信水平 $1-\alpha$ 的频率解释为：在大量重复使用 θ 的置信区间 $[\hat{\theta}_L, \hat{\theta}_U]$ 时，由于每次得到的样本观测值不同，从而每次得到的区间估计也不一样，对每次观察，θ 要么落进 $[\hat{\theta}_L, \hat{\theta}_U]$，要么没落进 $[\hat{\theta}_L, \hat{\theta}_U]$。就平均而言，进行 n 次观测，大约有 $n(1-\alpha)$ 次观测值落在区间 $[\hat{\theta}_L, \hat{\theta}_U]$。

在一些实际问题中，人们感兴趣的往往是未知参数的一个上限或下限。比如，对某产品平均寿命而言，自然平均寿命越长越好，人们关心的是寿命下限；对奶粉中含有有害物质而言，自然越少越好，人们关心的是有害物质含量的上限。于是，我们要给出单侧区间估计。

设 $\hat{\theta}_L$ 是统计量，对给定的 $\alpha(0<\alpha<1)$ 和任意的 $\theta\in\Theta$，有

$$P(\hat{\theta}_L \leqslant \theta) \geqslant 1-\alpha, \quad \forall\ \theta\in\Theta$$

则称 $\hat{\theta}_L$ 为 θ 的置信水平为 $1-\alpha$ 的置信下限，假如等号对一切 $\theta\in\Theta$ 成立，则称 $\hat{\theta}_L$ 为 θ 的置信水平为 $1-\alpha$ 的同等置信下限。

设 $\hat{\theta}_U$ 是统计量，对给定的 $\alpha(0<\alpha<1)$ 和任意的 $\theta\in\Theta$，有

$$P(\theta \leqslant \hat{\theta}_U) \geqslant 1-\alpha, \quad \forall\ \theta\in\Theta$$

则称 $\hat{\theta}_U$ 为 θ 的置信水平为 $1-\alpha$ 的置信上限，假如等号对一切 $\theta\in\Theta$ 成立，则称 $\hat{\theta}_U$ 为 θ 的置信水平为 $1-\alpha$ 的同等置信上限。

单侧置信区间是置信区间的特殊情况，如果令 $\hat{\theta}_U=+\infty$，则 $\hat{\theta}_U$ 为 θ 的置信水平为 $1-\alpha$ 的置信下限；如果令 $\hat{\theta}_L=-\infty$，则称 $\hat{\theta}_U$ 为 θ 的置信水平为 $1-\alpha$ 的置信上限，今后如不特加声明，置信区间一律指同等置信区间。

二、单个正态总体的置信区间

构造未知参数的置信区间最常用的方法是枢轴量法。

(1) 构造统计量 $G=G(X_1, \cdots, X_n; \theta)$，使得 G 满足：待估参数 θ 一定出现，不含其他未知参数，已知信息都要出现，且分布函数已知，一般称 G 为枢轴量。

(2) 适当选择两个常数 c, d, 使得对任意 $\alpha(0<\alpha<1)$ 都有 $P(c\leqslant G\leqslant d)=1-\alpha$，满足这样条件的 c，d 有无穷多个。我们当然希望 $d-c$ 越短越好，但一般很难做到，常用的是选 $c=G_{\frac{\alpha}{2}}$，$d=G_{1-\frac{\alpha}{2}}$，即 $P(G<c)=P(G>d)=$

$\frac{\alpha}{2}$其中$G_{\frac{\alpha}{2}}$为G的$\frac{\alpha}{2}$分位数。

(3)对$c \leqslant G \leqslant d$变形得到置信区间[$\hat{\theta}_L$，$\hat{\theta}_U$]，称为等尾置信区间。

正态总体是最常用的分布，我们讨论它的两个参数的区间估计，设X_1，…，X_n是来自总体$N(\mu, \sigma^2)$的样本。

(一)σ已知时μ的置信区间

在这种情况下，取枢轴量$G=\frac{\bar{X}-\mu}{\sigma/\sqrt{n}} \sim N(0, 1)$，

故$u_{\frac{\alpha}{2}} \leqslant \frac{\bar{X}-\mu}{\sigma/\sqrt{n}} \leqslant u_{1-\frac{\alpha}{2}}$，由于$u_{\frac{\alpha}{2}}=-u_{1-\frac{\alpha}{2}}$，

我们有$-u_{1-\frac{\alpha}{2}} \leqslant \frac{\bar{X}-\mu}{\sigma/\sqrt{n}} \leqslant u_{1-\frac{\alpha}{2}}$，变形可得同等置信区间

$$\left[\bar{X}-u_{1-\frac{\alpha}{2}}\frac{\sigma}{\sqrt{n}}，\bar{X}+u_{1-\frac{\alpha}{2}}\frac{\sigma}{\sqrt{n}}\right]$$

(二)σ未知时μ的置信区间

在这种情况下，取枢轴量$G=\frac{\sqrt{n}(\bar{X}-\mu)}{S} \sim t(n-1)$，

故$t_{\frac{\alpha}{2}} \leqslant \frac{\bar{X}-\mu}{S/\sqrt{n}} \leqslant t_{1-\frac{\alpha}{2}}$，由于$t_{\frac{\alpha}{2}}=-t_{1-\frac{\alpha}{2}}$，我们有$-t_{1-\frac{\alpha}{2}} < \frac{\bar{X}-\mu}{S/\sqrt{n}} < t_{1-\frac{\alpha}{2}}(n-1)$，变形可得同等置信区间

$$\left[\bar{X}-t_{1-\frac{\alpha}{2}}\frac{S}{\sqrt{n}}，\bar{X}+t_{1-\frac{\alpha}{2}}\frac{S}{\sqrt{n}}\right]$$

(三)σ^2的置信区间

(1)当μ已知时，枢轴量

$G=\sum_{i=1}^{n}\frac{(X_i-\mu)^2}{\sigma^2} \sim x^2(n)$，对$x^2_{\frac{\alpha}{2}}(n) \leqslant \sum_{i=1}^{n}\frac{(X_i-\mu)^2}{\sigma^2} \leqslant x^2_{1-\frac{\alpha}{2}}(n)$

(2)当μ未知时，枢轴量$G=\frac{(n-1)S^2}{\sigma^2} \sim x^2(n-1)$，对

$$x^2_{\frac{\alpha}{2}}(n-1) \leqslant \frac{(n-1)S^2}{\sigma^2} \leqslant x^2_{1-\frac{\alpha}{2}}(n-1)$$

变形可得同等置信区间

$$[\ \frac{(n-1)S^2}{x^2_{1-\frac{\alpha}{2}}(n-1)},\ \ \frac{(n-1)S^2}{x^2_{\frac{\alpha}{2}}(n-1)}\ ]$$

三、两个正态总体的置信区间

设 X_1，…，X_m 是来自总体 $N(\mu_1,\ \sigma_1^2)$ 的样本，Y_1，…，Y_n 是来自总体 $N(\mu_2,\ \sigma_2^2)$ 的样本，且两样本相互独立，记 $\bar{X}$，$\bar{Y}$ 分别为它们的样本均值，$S_X^2=\frac{1}{m-1}\sum_{i=1}^{m}(X_i-\bar{X})^2$，$S_Y^2=\frac{1}{n-1}\sum_{i=1}^{m}(Y_i-\bar{Y})^2$ 分别为它们的样本方差，下面讨论两个均值差和两个方差比的置信区间。

（一）μ_1–μ_2 的置信区间

（1）σ_1^2，σ_2^2 已知时，取

$$u=\frac{\bar{X}-\bar{Y}-(\mu_1-\mu_2)}{\sqrt{\frac{\sigma_1^2}{m}+\frac{\sigma_2^2}{n}}}\sim N(0,\ 1)$$ （μ_1–μ_2 整体是待估参数）

沿用前面的方法可得 μ_1–μ_2 的 $1-\alpha$ 的同等置信区间为

$$[\ \bar{X}-\bar{Y}-u_{1-\frac{\alpha}{2}}\sqrt{\frac{\sigma_1^2}{m}+\frac{\sigma_2^2}{n}},\ \ \bar{X}-\bar{Y}+u_{1-\frac{\alpha}{2}}\sqrt{\frac{\sigma_1^2}{m}+\frac{\sigma_2^2}{n}}\ ]$$

（2）$\sigma_1^2=\sigma_2^2=\sigma^2$ 未知时。因为 $G=\frac{\bar{X}-\bar{Y}-(\mu_1-\mu_2)}{\sqrt{\frac{\sigma_1^2}{m}+\frac{\sigma_2^2}{n}}}\sim N(0,\ 1)$，

$$\frac{(m-1)\ S_X^2}{\sigma^2}\sim x^2(m-1),\quad \frac{(n-1)\ S_Y^2}{\sigma^2}\sim x^2(n-1)$$ 相互独立，

所以 $\frac{(m-1)S_X^2+(n-1)S_Y^2}{\sigma^2}\sim x^2(m+n-2)$，则

$$t=\sqrt{\frac{mn(m+n-2)}{m+n}}\frac{\bar{X}-\bar{Y}-(\mu_1-\mu_2)}{\sqrt{(m-1)S_X^2+(n-1)S_Y^2}}\sim t(m+n-2)$$

记 $S_\omega^2=\frac{(m-1)S_X^2+(n-1)S_Y^2}{m+n-2}$，则沿用前面的方法可得 μ_1–μ_2 的 $1-\alpha$ 的同等置信区间为

$$[\ \bar{X}-\bar{Y}-\sqrt{\frac{m+n}{mn}}S_\omega t_{1-\frac{\alpha}{2}},\ \ \bar{X}-\bar{Y}+\sqrt{\frac{m+n}{mn}}S_\omega t_{1-\frac{\alpha}{2}}\ ]$$

（3）$\sigma_2^2\ /\ \sigma_1^2\geqslant=\theta$ 已知时，同上，

$$\bar{X}-\bar{Y}-N[\mu_1-\mu_2,\ \sigma_1^2(\frac{1}{m}+\frac{\theta}{n})],\qquad \frac{(m-1)S_X^2}{\sigma^2}+\frac{(n-1)S_Y^2}{\theta\sigma^2}\sim x^2(m+n-2),$$

且二者相互独立，仍可构造 t 分布，即

$$G=\sqrt{\frac{mn(m+n-2)}{m\theta+n}}\frac{\bar{X}-\bar{Y}-(\mu_1-\mu_2)}{(m-1)S_X^2+(n-1)S_Y^2/\theta}\sim t(m+n-2)$$

记 $S_t^2=\frac{(m-1)S_X^2+(n-1)S_Y^2/\theta}{m+n-2}$ 则沿用前面的方法可得 μ_1-μ_2 的 1-α 的同等置信区间为

$$[\bar{X}-\bar{Y}-\sqrt{\frac{m\theta+n}{mn}}S_t t_{1-\frac{\alpha}{2}},\ \bar{X}-\bar{Y}+\sqrt{\frac{m\theta+n}{mn}}S_t t_{1-\frac{\alpha}{2}}]$$

（4）当 m，n 很大时，

我们有 $\frac{\bar{X}-\bar{Y}-(\mu_1-\mu_2)}{\sqrt{(m-1)S_X^2+(n-1)S_Y^2}}\sim N(0,\ 1)$，则 μ_1-μ_2 的 1-α 的同等置信区间为

$$[\bar{X}-\bar{Y}-u_{1-\frac{\alpha}{2}}\sqrt{\frac{S_X^2}{m}+\frac{S_Y^2}{n}},\ \bar{X}-\bar{Y}+u_{1-\frac{\alpha}{2}}\sqrt{\frac{S_X^2}{m}+\frac{S_Y^2}{n}}]$$

（5）一般情况下，当 m，n 并不都很大时，可采用如下近似方法：

令 $S_0^2=\frac{S_X^2}{m}+\frac{S_Y^2}{n}$，取枢轴量 $G=\frac{\bar{X}-\bar{Y}-(\mu_1-\mu_2)}{\sqrt{\frac{S_X^2}{m}+\frac{S_Y^2}{n}}}$，研究表明它与自由度为 l 的 t 分布很近似，其中 l 由公式

$$l=\frac{S_0^4}{\sqrt{\frac{S_X^4}{m^2(m-1)}+\frac{S_Y^4}{n^2(n-1)}}}$$

决定，l 一般不为整数。

可以取与 l 的整数代之，于是 $G\sim t(l)$，从而 μ_1-μ_2 的 1-α 的同等置信区间为

$$(\bar{X}-\bar{Y}-S_0 t_{1-\alpha/2}(l),\ \bar{X}-\bar{Y}+S_0 t_{1-\alpha/2}(l))$$

（二）σ_1^2/σ_2^2 的置信区间

（1）μ_1，μ_2 已知时：由于 $F=\frac{\sum_{i=1}^{m}(X_i-\mu_1)^2/m\sigma_1^2}{\sum_{i=1}^{m}(Y_i-\mu_2)^2{}^2/m\sigma_2^2}\sim F(m,\ n)$，故 σ_1^2/σ_2^2 的 1-α 的置信区间为：

$$\left[\frac{n\sum_{i=1}^{m}(X_i-\mu_1)^2}{m\sum_{i=1}^{m}(Y_i-\mu_2)^2}\frac{1}{F_{1-\frac{\alpha}{2}}},\ \frac{n\sum_{i=1}^{m}(X_i-\mu_1)^2}{m\sum_{i=1}^{m}(Y_i-\mu_2)^2}\frac{1}{F_{\frac{\alpha}{2}}}\right]$$

(2) μ_1，μ_2 未知时：

由于 $\frac{(m-1)\ S_X^2}{\sigma_1^2}\sim x^2(m-1)$，$\frac{(n-1)\ S_Y^2}{\sigma_2^2}\sim x^2(n-1)$，且相互独立，故取枢轴量 $\frac{S_X^2\ /\ \sigma_1^2}{S_Y^2\ /\ \sigma_2^2}\sim F(m-1,\ n-1)$，故给定置信水平 1–$\alpha$，由

$$P\left(F_{\frac{\alpha}{2}}(m-1,\ n-1)\leqslant\frac{S_X^2\ /\ \sigma_1^2}{S_Y^2\ /\ \sigma_2^2}\leqslant F_{1-\frac{\alpha}{2}}(m-1,\ n-1)\right)=1-\alpha$$

可得 $\sigma_1^2\ /\ \sigma_2^2$ 的 1–α 的置信区间为

$$\left[\frac{S_X^2}{S_Y^2}\frac{1}{F_{1-\frac{\alpha}{2}}(m-1,\ n-1)},\ \frac{S_X^2}{S_Y^2}\frac{1}{F_{\frac{\alpha}{2}}(m-1,\ n-1)}\right]$$

第四节　参数估计中的应用实例

点估计主要有两种方法：矩法与极大似然法。矩法操作简单，但误差较大；极大似然法的特点在于它的思想比较独特、方法比较优良。

高斯在 1809 年提出了极大似然法的基本思想，指出根据概率论的方法，能够得到由观测数据来确定参数的一般方法，如图 4–1 所示。

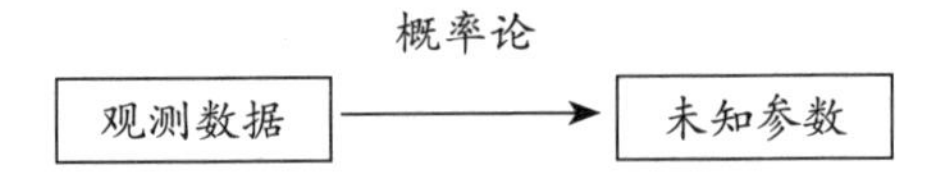

图 4–1　极大似然法的思想萌芽

费舍尔在 1912 年首次提出将极大似然法作为一种参数估计法。以后极大似然法逐步完善为一种普遍的参数估计方法，可广泛应用于多个领域。下面通过两个关联案例的分析，理解极大似然法的思想。

一、参数估计在货物检验中的应用

（一）案例一

甲厂收到供货商提供的一批货物，根据以往的经验知该供货商的产品次品率为 10%，而供货商声称次品率仅有 5%。若随机抽出 10 件检验，结果有

4 件次品。购货方应该如何做决策(即判断次品率究竟为 10%，还是 5%)？

解决方案

记次品数为 X，则 X 服从二项分布。这里的 $p=0.1$ 或 $p=0.05$ 是先验信息。根据统计推断的依据，我们计算概率：

若 $p=0.05$，则 10 件中有 4 件次品的概率为

$$P(X=4)=C_{10}^{4}0.05^{4}0.96^{6}\approx 0.001$$

若 $p=0.1$. 则 10 件中有 4 件次品的概率为

$$P(X=4)=C_{10}^{4}0.1^{4}0.9^{6}\approx 0.0112$$

我们可以发现 $P_{0.05}(X=4)<P_{0.1}(X=4)$

计算的结果表明，在次品为 0.1 时，10 件产品中有 4 件次品的概率大，这说明该批产品次品率为 0.1 的可能性大(样本来源于总体，样本能很好反映总体的特征)。

这个案例就是对 p 的决策推断。因为有个先验信息：$p=0.1$ 或 $p=0.05$，就是个二选一的问题，两者之中选哪一个“最有可能”，当然就是比较样本发生概率的大小，概率越大的就越有可能。

在理解这个案例以后，我们对它进行“改进”。

(二)案例二

甲厂收到供货商提供的一批货物，若随机抽出 10 件检验，结果有 4 件次品。购货方应该如何做决策(即判断次品率 p 到底是多少)？

本案例依然是对 p 的推断估计，但没有任何先验信息，不同于上个例题有先验信息($p=0.1$ 或 $p=0.5$)。这个时候只能断定 $p\in(0, 1)$，很显然，p 的取值有无限多种可能，如何处理呢?

解决方案

根据概率的思想，不管 p 的取值有几种可能(2 种、3 种或无限种可能)，依然以概率作为推断的依据。发生的概率越大，就越有可能。这道题的思路就转化为：在 $p\in(0, 1)$ 中，我们要找到一个 p，使得抽样的样本值发生的概率最大。

由题意可知，$p\in(0, 1)$，则 10 件中有 4 件次品的概率为

$$P(X=4)=C_{10}^{4}p^{4}(1-p)^{6}$$

这个时候，该问题可转化为：$p\in(0, 1)$，则 p 取什么值时，上述概率 $P(X=4)$ 的值最大?

通过上面的分析可以得知极大似然法的基本思想：待估参数的取值有多种可能，找一个估计值，使得样本发生的概率最大(最有可能发生)，该估

计值就是极大似然估计值。所以，其基本步骤为：

(1) 由总体分布导出样本的联合概率函数 (或联合密度)；

(2) 把样本联合概率函数 (或联合密度) 中自变量看成已知常数，而把参数 θ 看作自变量，得到似然函数 $L(\theta)$；

(3) 求似然函数 $L(\theta)$ 的最大值点 (常转化为求对数似然函数的最大值点)；

(4) 在最大值点的表达式中，用样本值代入就得参数的极大似然估计值。

统计的问题应该是要反映的总体是否反映出来了，而总体是现实的社会存在。所以，统计如果能够明确反映这一存在，这种统计就满足了可靠性的要求。因此，从根本上讲，统计的可靠性，是由大量观察的理论过程决定的。

参数的点估计是用样本值算出的一个值去估计未知参数，即点估计值仅仅是未知参数的一个近似值，它没有给出这个近似值的误差范围。

例如，在估计某湖泊中鱼的数量的问题中，若根据一个实际样本，利用最大似然估计法估计出鱼的数量为 60 000 条，这种估计结果使用起来把握不大。实际上，鱼的数量的真值可能大于 60 000 条，也可能小于 60 000 条，且可能偏差较大。

若能给出一个估计区间，让我们能较大把握地 (其程度可用概率来度量之) 相信鱼的数量的真值被含在这个区间内，这样的估计显然更有实用价值。

二、参数估计在幼儿身高中的应用

现从 5 ～ 6 岁的幼儿中随机地抽查了 9 人，其高度分别为 (cm)：

115，120，131，115，109，115，115，105，110

已知标准差 σ 为 7，求幼儿平均身高 u 的 95% 的置信区间。

幼儿身高一般都服从正态分布 $X \sim N(\mu, \sigma^2)$。

寻求置信区间的基本思想：在点估计的基础上构造合适的函数，并针对给定的置信度导出置信区间。

解决方案

根据置信区间计算公式：

$$[\bar{X} - \frac{\sigma}{\sqrt{n}} Z_{\frac{\sigma}{2}},\ \bar{X} + \frac{\sigma}{\sqrt{n}} Z_{\frac{\sigma}{2}}]$$

代入计算：

$$[115-1.96\times 7/\sqrt{9},\ 115+1.96\times 7/\sqrt{9}]=[110.43,\ 119.57]$$

要理解该区间的含义、与点估计的区别、衡量区间估计优劣的两个指标、区间估计的实用性。

统计是透过现象的数量表现来认识事物的本质和发展变化的规律性，是一种高级的理性思维活动。

三、参数估计在高校扩招中的应用

2003 年，在一项对高校扩招的态度调查中，10 所北京市院校对高校扩招的态度数据如表 4–1 (分数越高态度越积极) :

表 4–1　高校招生相关数据

院校名	态度平均值	标准差	人数
北京外国语学院	3.81	0.67	48
中国人民公安大学	4.32	0.55	50
中国青年政治学院	4.08	0.68	52
北京农学院	3.98	0.65	50
北京大学	3.58	0.64	50
清华大学	3.78	0.71	49
北京交通大学	4.26	0.66	50
北京航空航天大学	4.12	0.74	42
对外经济贸易大学	3.88	0.57	48
北京医学院	4.07	0.63	44

求：(1) 中国人民公安大学、清华大学、北京大学的总体平均态度分的 95% 置信区间；

(2) 中国人民公安大学和北京大学的总体平均态度分之差的 95% 置信区间；

(3) 清华大学和北京大学的总体平均态度分之差的 95% 置信区间。

因为总体标准差 σ 未知，可用样本标准差 s 代替。

解决方案

(1) 因为表中样本数都大于 30，所以认为样本均值的抽样分布服从正态分布 $x \sim N(\frac{\sigma^2}{n})$，用 s 近似代替 σ，根据样本数据的样本均值和标准差：置信水平 $1-\alpha=95\%$，查标准正态分布表 $z_{\frac{\alpha}{2}}=1.96$。

中国人民公安大学总体态度分的 95% 置信区间为 ($x_1- z_{\frac{\alpha}{2}} \times \frac{S_1}{\sqrt{n_1}}$，$x_1+ z_{\frac{\alpha}{2}} \times \frac{S_1}{\sqrt{n_1}}$)，将表中数据代入，($4.32-1.96 \times \frac{0.55}{\sqrt{50}}$，$4.32+1.96 \times \frac{0.55}{\sqrt{50}}$) = (4.17，4.47)。

清华大学总体态度分的95%置信区间为 ($x_2-z_{\frac{\alpha}{2}}\times\frac{S_2}{\sqrt{n_2}}$), $x_2+z_{\frac{\alpha}{2}}\times\frac{S_2}{\sqrt{n_2}}$) 同理计算求得 (3.58，3.98)。

北京大学总体态度分的95%置信区间为 ($x_3-z_{\frac{\alpha}{2}}\times\frac{S_3}{\sqrt{n_3}}$，$x_3+z_{\frac{\alpha}{2}}\times\frac{S_3}{\sqrt{n_3}}$)，同理计算求得 (3.40，3.76)。

(2) 两个样本都为大样，本所以根据抽样分布的知识可知，两样本均值之差 ($\overline{X_1}-\overline{X_2}$) 的抽样分布服从 (u_1-u_2)、方差为 $(\frac{\sigma_1^2}{n_1})+(\frac{\sigma_2^2}{n_2})$ 的正态分布。中国人民公安大学和北京大学的总体平均态度分之差的95%置信区间为 $\left\{(\overline{X_1}-\overline{X_2})-z_{\frac{\alpha}{2}}\times\sqrt{(\frac{\sigma_1^2}{n_1})+(\frac{\sigma_2^2}{n_2})}\right\}$。用样本方差代替总体方差。所以求得两者总体均值方差的置信区间 (0.51，0.97)。

(3) 同 (2)，可以求得清华大学和北京大学的总体平均态度分之差的95%置信区间为 (–0.066，0.466)。

第五章　假设检验

假设检验又称为显著性检验，在数理统计中是一个很重要的部分。假设检验分为参数的假设检验与非参数的假设检验。参数的假设检验是已知总体的分布，对其未知的总体参数做假设检验。主要讨论对总体的均值、方差及总体率进行检验等。参数的显著性检验的方法很多，常用的有 u 检验、t 检验、F 检验和 χ^2 检验等。尽管这些检验方法的用途及使用条件不同，但其检验的基本原理是相同的。

第一节　假设检验概述

一、假设检验基本思想的引入

为研究某山区的成年男子的脉搏均数是否高于一般成年男子脉搏均数，某医生在一山区随机抽查了 25 名健康成年男子，得其脉搏均数 x 为 74.2 次 / 分，标准差为 6.0 次 / 分。根据大量调查可知，一般健康成年男子脉搏均数为 72 次 / 分，能否据此认为该山区成年的脉搏均数 $\bar{\mu}$ 高于一般成年男子的脉搏均数 $\bar{\mu}_0$？

问题 1：造成这 25 名男子脉搏均数高于一般男子的原因是什么？

由资料已知样本均数与总体均数不等，原因有二：

(1) 两者非同一总体，即两者差异由地理气候等因素造成，也就是可以说山区成年人的脉搏比一般人的要高；

(2) 两者为同一总体，即两者差异由抽样误差造成。

问题 2：怎样判断以上哪个原因是成立的？

若 x 与 $\bar{\mu}_0$ 接近，其差别可用抽样误差解释，x 来自 $\bar{\mu}_0$；

若 x 与 $\bar{\mu}_0$ 相差甚远，其差别不宜用抽样误差解释，则怀疑 x 不属于 $\bar{\mu}_0$。

检验如下假设：

原假设：山区成年人脉搏与一般人的脉搏没有差异，即 $\bar{\mu} = \bar{\mu}_0$。

备择假设：山区成年人脉搏与一般人的脉搏有差异，即 $\bar{\mu} \neq \bar{\mu}_0$。

二、假设检验的概念及作用

（一）概念

所谓假设检验，就是事先对总体参数或分布形式做出某种假设，然后利用样本信息来判断原假设是否成立。

假设检验分为参数检验和非参数检验。

（二）作用

假设检验一般对有差异的数据进行检验，判断差异是否显著（概率）：

如果通过了检验，不能拒绝原假设，说明没有显著差异，那么这种差异是由抽样造成的；

如果不能通过检验，则拒绝原假设，说明有显著差异，这种差异是由系统误差造成的。

假设检验只能证伪不能存真。

三、假设检验的步骤

（1）根据具体的问题，建立原假设和备择假设。

（2）构造一个合适的统计量，计算其抽样分布

$$Z=\frac{\bar{x}-\mu}{\sigma/\sqrt{n}},\quad t_{(n-1)}=\frac{\bar{x}-\mu}{S/\sqrt{n}}\ （均值检验）$$

（3）给定显著水平 α 和确定临界值。

显著水平 α 通常取 0.1、0.05 或 0.01。在确定了显著水平后，根据统计量的分布就可以确定找出接受区域和拒绝区域的临界值。

（4）根据样本的值计算统计量的数值并做出决策。

如果统计量的值落在拒绝域中，那么就没有通过检验，说明有显著差异，拒绝原假设。

如果统计量的值落在接受域中，通过了假设检验，说明这种差异是由抽样造成的，这个样本不能拒绝原假设。

四、原假设与备择假设

原假设（null hypothesis）：一般研究者想收集证据予以反对的假设，表示为 H_0。

备择假设（alternative hypothesis）：一般研究者想收集证据予以支持的假设，表示为 H_1。

由于假设检验中只有在小概率事件发生的情况下才拒绝原假设，因此在假设检验过程中是保护原假设的。

有三种形式：

①双侧检验 H_0：$\mu=\mu_0$，H_1：$\mu\neq\mu_0$（不等，有差异）；

②左侧检验 H_0：$\mu\geqslant\mu_0$，H_1：$\mu<\mu_0$（降低，减少）；

③右侧检验 H_0：$\mu\leqslant\mu_0$，H_1：$\mu>\mu_0$（提高，增加）。

第二节　参数假设检验的方法

参数假设检验是对总体分布函数中的未知参数提出某种假设，然后利用样本的信息对所提假设进行检验，根据检验结果做出拒绝或接受所提假设的判断。其解题步骤为：①根据具体问题提出原假设 H_0 和备择假设 H_1；②选取相应的检验统计量；③在显著性水平 α 下，写出 H_0 的拒绝域 C 或接受域；④将样本观测值代入检验统计量，算出检验统计量的观测值，判断其是否落入拒绝域 C，从而拒绝或接受 H_0。为了便于查表，根据实际问题通常选取检验统计量使其服从正态分布、F 分布、t 分布和 x^2 分布，从而相应的有 U 检验法，F 检验法，t 检验法和 χ^2 拟合检验法。

本小节采用 U 检验法，通过实例分别以双侧检验和单侧检验这两种情形来讨论拒绝域的选取形式及其理论上的合理解释，以及相应的解题技巧。

一、双侧检验情形

在显著性水平 α 下，检验假设

$$H_0:\ \mu=\mu_0;\ H_1:\ \mu\neq\mu_0$$

H_0 的拒绝域 $C=\{u:\ |u|\geqslant u_{1-\frac{\alpha}{2}}\}$，其中 u 为检验统计量 $U=\dfrac{\bar{X}-\mu_0}{\sigma/\sqrt{n}}$ 的观测值。

当 H_0 为真时，选取统计量 $U=\dfrac{\bar{X}-\mu_0}{\sigma/\sqrt{n}}\sim N(0,1)$，则在显著性水平 α 下，$P\{$拒绝 $H_0|H_0$ 为真$\}=\alpha$，又因为 $P\{|U|\geqslant u_{1-\frac{\alpha}{2}}|H_0$ 为真$\}=\alpha$，故 H_0 的拒绝域 $C=\{u:\ |u|\geqslant u_{1-\frac{\alpha}{2}}\}$。

注：（1）（理论上的合理解释）由于$\bar{X}$为μ的无偏估计，故当H_0为真时，样本均值$\bar{X}$应在μ_0周围随机地摆动，而不会偏离μ_0太大，拒绝域的形状为$(|\bar{X}-\mu_0|\geqslant K)$，$K$待定。为了便于查表，把统计量$\bar{X}-\mu_0$改为$\dfrac{\bar{X}-\mu_0}{\sigma/\sqrt{n}}\sim N(0,1)$。给出显著性水平$\alpha$，则在$H_0$为真时，$P\{|U|\geqslant u_{1-\frac{\alpha}{2}}\}=\alpha$。这里的$u_{1-\frac{\alpha}{2}}$为由标准正态分布表查出的$1-\dfrac{\alpha}{2}$分位数。故$H_0$的拒绝域$C=\{u: |u|\geqslant u_{1-\frac{\alpha}{2}}\}$。再根据样本观测值算出$U=\dfrac{\bar{X}-\mu_0}{\sigma/\sqrt{n}}$的观测值$u$，若$|u|\geqslant u_{1-\frac{\alpha}{2}}$，则拒绝$H_0$：$\mu=\mu_0$，并认为总体均值$\mu$与原假设$\mu_0$有显著差异，否则接收$H_0$。

（2）拒绝域的形式不唯一。利用标准正态分布的密度曲线图，可巧记三种形式的拒绝域如下：

$$C=\{u: |u|\geqslant u_{1-\frac{\alpha}{2}}\}=\{u: u\geqslant u_{1-\alpha}\}=\{u: u\leqslant u_{\alpha}\}$$

（3）选取何种形式的拒绝域，视具体题目而定，目的是为了方便求解。

二、单侧检验情形

在显著性水平α下，检验假设

$$H_0: \mu\leqslant\mu_0;\ H_1: \mu>\mu_0$$

若在显著性水平α下，检验假设H_0：$\mu\leqslant\mu_0$；H_1：$\mu>\mu_0$，则H_0的拒绝域$C=\{u: u\geqslant u_{1-\frac{\alpha}{2}}\}$，其中$u$为检验统计量$U=\dfrac{\bar{X}-\mu_0}{\sigma/\sqrt{n}}$的观测值。

证明：当H_0为真时，选取统计量$U=\dfrac{\bar{X}-\mu_0}{\sigma/\sqrt{n}}\sim N(0,1)$，则在显著性水平$\alpha$下，$P\{$拒绝$H_0|H_0$为真$\}=\alpha$，又因为$P\{U\geqslant u_{1-\alpha}|H_0$为真$\}=\alpha$，故$H_0$的拒绝域$C=\{u: u\geqslant u_{1-\alpha}\}$。

注：（理论上的合理解释）由于样本均值$\bar{X}$为μ的无偏估计，故当H_0为真时，$U=\dfrac{\bar{X}-\mu_0}{\sigma/\sqrt{n}}$不应太大，而当$u$偏大时应该拒绝$H_0$，故$H_0$的拒绝域的形式为$U=\dfrac{\bar{X}-\mu_0}{\sigma/\sqrt{n}}\geqslant K$，$K$待定。

由于 $X\text{–}\mu \sim N(0,\ 1)$，故可以找出临界值 $u_{1-\alpha}$，使 $P\{\dfrac{\bar{X}-\mu_0}{\sigma/\sqrt{n}} \geqslant u_{1-\alpha}\}=\alpha$。当 H_0 为真时，$\dfrac{\bar{X}-\mu_0}{\sigma/\sqrt{n}} \leqslant \dfrac{\bar{X}-\mu}{\sigma/\sqrt{n}}$，从而事件 $\{\dfrac{\bar{X}-\mu_0}{\sigma/\sqrt{n}} \geqslant u_{1-\alpha}\} \subseteq \{\dfrac{\bar{X}-\mu}{\sigma/\sqrt{n}} \geqslant u_{1-\alpha}\}$，故 $p\{\dfrac{\bar{X}-\mu_0}{\sigma/\sqrt{n}} \geqslant u_{1-\alpha}\} \leqslant p\{\dfrac{\bar{X}-\mu}{\sigma/\sqrt{n}} \geqslant u_{1-\alpha}\}=a$，由于 $\{\dfrac{\bar{X}-\mu}{\sigma/\sqrt{n}} \geqslant u_{1-\alpha}\}$ 是小概率事件，故 $\{\dfrac{\bar{X}-\mu_0}{\sigma/\sqrt{n}} \geqslant u_{1-\alpha}\}$ 更是一个小概率事件。根据样本观测值算出 $U=\dfrac{\bar{X}-\mu_0}{\sigma/\sqrt{n}}$ 的观测值 u，若 $u=\dfrac{\bar{X}-\mu_0}{\sigma/\sqrt{n}} \geqslant u_{1-\alpha}$，则应该否定原假设 H_0，即拒绝 H_0，从而 H_0 的拒绝域 $C=\{u:\ u \geqslant u_{1-\alpha}\}$。

类似可证：

若在显著性水平 α 下，检验假设 H_0：$\mu \geqslant \mu_0$；H_1：$\mu < \mu_0$，则 H_0 的拒绝域 $C=\{u:\ u \leqslant -u_{1-\alpha}\}$。其中 u 为检验统计量 $U=\dfrac{\bar{X}-\mu_0}{\sigma/\sqrt{n}}$ 的观测值。

注：（理论上的合理解释）由于样本均值 $\bar{X}$ 为 μ 的无偏估计，故当 H_0 为真时，$u=\dfrac{\bar{X}-\mu_0}{\sigma/\sqrt{n}}$ 不应太小，而当 u 偏小时应该拒绝 H_0，故 H_0 的拒绝域的形式为 $u=\dfrac{\bar{X}-\mu_0}{\sigma/\sqrt{n}} \leqslant K$，$K$ 待定。

由于 $\dfrac{\bar{X}-\mu}{\sigma/\sqrt{n}} \sim N(0,\ 1)$，故可以找出临界值 u_α，使 $P\{\dfrac{\bar{X}-\mu_0}{\sigma/\sqrt{n}} \leqslant u_\alpha\}=\alpha$。

当 H_0 为真时，$\dfrac{\bar{X}-\mu}{\sigma/\sqrt{n}} \leqslant \dfrac{\bar{X}-\mu_0}{\sigma/\sqrt{n}}$，从而 $-\dfrac{\bar{X}-\mu}{\sigma/\sqrt{n}} \geqslant -\dfrac{\bar{X}-\mu_0}{\sigma/\sqrt{n}}$，事件

$\{-\dfrac{\bar{X}-\mu_0}{\sigma/\sqrt{n}} \geqslant u_{1-\alpha}\} \subseteq \{\dfrac{\bar{X}-\mu}{\sigma/\sqrt{n}} \geqslant u_{1-\alpha}\}$，故 $P\{\dfrac{\bar{X}-\mu_0}{\sigma/\sqrt{n}} \geqslant u_{1-\alpha}\} \leqslant P\{\dfrac{\bar{X}-\mu}{\sigma/\sqrt{n}} \geqslant u_{1-\alpha}\}$。

又因为 $\dfrac{\bar{X}-\mu}{\sigma/\sqrt{n}} \sim N(0,\ 1)$，故 $-\dfrac{\bar{X}-\mu}{\sigma/\sqrt{n}} \sim N(0,\ 1)$，所以 $P\{\dfrac{\bar{X}-\mu}{\sigma/\sqrt{n}} \geqslant u_{1-\alpha}\}=\alpha$，因此 $\{-\dfrac{\bar{X}-\mu_0}{\sigma/\sqrt{n}} \geqslant u_{1-\alpha}\}$ 是小概率事件，故 $\{-\dfrac{\bar{X}-\mu_0}{\sigma/\sqrt{n}} \geqslant u_{1-\alpha}\}$ 更是一个小概率事件。根据样本观测值算出 $U=\dfrac{\bar{X}-\mu_0}{\sigma/\sqrt{n}}$ 的观测值 u，若 $-u=-\dfrac{\bar{X}-\mu_0}{\sigma/\sqrt{n}} \geqslant$

$u_{1-\alpha}$，则应该否定原假设 H_0，即拒绝 H_0，从而 H_0 的拒绝域 $C=\{u: u \leqslant -u_{1-\alpha}\}$，其中 $u_\alpha=-u_{1-\alpha}$。

单侧检验问题与双侧检验问题所用的检验统计量和检验步骤完全相同，不同的是拒绝域形式。单侧检验问题的拒绝域，其不等式的取向与备择假设 H_1 中不等式的取向完全一致。单侧检验问题拒绝域的这一特性，使得我们无须单独记忆单侧检验问题的拒绝域。

利用检验统计量的密度曲线图，可巧记双侧检验问题的三种形式的拒绝域以及单侧检验问题的拒绝域。其中 U 检验法和 t 检验法的拒绝域形式相似，F 检验法和 χ^2 检验法的拒绝域形式相似。

检验统计量的选取具有一定的规律。针对总体期望的检验，若总体方差已知，往往采用 U 检验法；若总体方差未知，则采用 t 检验法。针对单个总体方差的检验，往往采用 χ^2 检验法，应特别注意在总体期望是否已知这两种情形下所采用的服从 χ^2 分布的检验统计量的自由度是有区别的（当总体期望未知时，构造检验统计量时应该用样本均值代替总体均值，从而导致检验统计量的自由度减少一个）。针对两个总体方差是否成比例的检验，往往采用 F 检验法，同样应特别注意在总体期望是否已知这两种情形下所采用的服从 F 分布的检验统计量的自由度是有区别的。

当参数假设检验问题中的样本容量 n 充分大时（如 $n>50$ 时），由于此时 t 检验法和 χ^2 检验法中的检验统计量近似服从正态分布，故不妨直接采用 U 检验法，这就是所谓的大样本问题的 U 检验法。

第三节　分布拟合检验

第二节中我们探讨了参数假设问题，往往是在总体分布的数学表达式为已知的前提条件下，对总体均值与方差进行假设检验，但在实际问题中，有时不能预先知道总体所服从的分布，而需要根据样本值（x_1，x_2，…，x_n）来判断总体 X 是否服从某种指定的分布，这个问题的一般提法是：在给定显著性水平 α 下，对假设

$$H_0: F_x(x)=F_0(x); \; H_1: F_x(x) \neq F_0(x)$$

作显著性检验，其中 $F_0(x)$ 是完全已知或类型已知但依赖于若干个未知参数的分布函数，这种假设检验通常称为分布的拟合优度检验，简称分布拟合检验，它是非参数假设检验中较为重要的一种。

对一个实际问题，理论分布 $F_0(x)$ 是怎样提出的呢？这往往与专业知

识和实际经验有关，而数学上是由样本值 $(x_1, x_2, \cdots, x_n)$ 作经验分布函数 $F_n(x)$ 的图形或经验分布函数的图形（直方图），从中看出总体 X 可能服从的分布，也可以从学过的概率论中介绍的几种常用概率分布的物理模型中得到启发。

关于分布拟合检验，我们介绍正态概率纸检验法和皮尔逊（K.Pearson）χ^2 拟合检验法和柯尔莫哥洛夫的 D_n 检验法。

一、正态概率纸检验法

正态概率纸检验是一种判断总体是否为正态分布的直观又简便的方法，用这种方法判断总体分布确为正态时，还可以利用正态概率纸很快粗略地估计出总体的某些数字特征。

先介绍正态概率纸的构造原理。

首先建立一个直角坐标系，横轴上刻度为 x 值，纵轴上刻度为 u 值，都为均匀刻度，再通过变换

$$y = \Phi(u) = \int_{-\infty}^{u} \frac{1}{\sqrt{2\pi}} e^{-\frac{t^2}{2}} dt$$

在纵轴重新刻度如下：根 u 值，查出对应的 $\Phi(u)$ 值，将此值刻在 u 的位置上，例如，在 u=0，1，2 等的位置分别刻上 y=0.05，0.8413，0.9772 等，然后把 u 的刻度抹去，留下的 x 和 y 刻度就构成了一张正态概率纸，这里 $y=\Phi(u)$ 的刻度不再是均匀的，显然，在这张正态概率纸上 $y=\Phi(u)$ 的图形是一条直线。一般地，正态 $n(\mu, \sigma^2)$ 的分布函数

$$y = F(x) = \Phi(\frac{x-\mu}{\sigma})$$

的图形也是一条直线。总之，在正态概率纸上，一条直线 $u=\frac{x-\mu}{\sigma}$ 同正态分布函数 $\Phi(\frac{x-\mu}{\sigma})$ 是一一对应的。例如，σ 取不同的值，对应着不同的正态分布函数，在正态概率纸上则对应斜率不同的直线。

下面给出正态分布概率纸的检验方法和参数的估计。

设总体 X 的分布函数为 $F(x)$，为了检验 H_0: $F(x) = \Phi(\frac{x-\mu}{\sigma})$，其中 μ、σ^2 是未知参数。若 H_0 成立，则对于任意的 x，在正态概率纸上的所有点 $(x, F(x))$ 就应该在一条直线上。我们以经验分布函数 $F_n(x)$ 作为检验统计量，从总体 x 中取出一组样本值 $(x_1, x_2, \cdots, x_n)$，并求出经验分布函数的观察

值 $F_n(x)$，然后在正态概率纸上描出点列 $(x_i, F_n(x_i))$ $(i=1, 2, \cdots, n)$。根据格列汶科定理，当 n 充分大时，经验分布函数 $F_n(x)$ 是总体分布函数 $F(x)$ 的很好近似。因此，当 H_0 为真时，正态概率纸点列 $(x_i, F_n(x_i))$ $(i=1, 2, \cdots, n)$ 应该在一条直线附近；如果这些点列不是在一条直线附近，就只能拒绝假设 H_0。一般地，当 H_0 为真时，中间的点应该不能偏离直线位置过大，两边的点可以允许偏离直线位置稍大；当中间的点偏离直线位置较大时，就应该拒绝 H_0。

二、χ^2 拟合检验法

拟合检验法的一般提法是：设法确定一个能反映实际数据 $(x_1, x_2, \cdots, x_n)$ 与理论分布 $F_0(x)$ 的偏差的量 $D=D(x_1, x_2, \cdots, x_n)$。如果 D 超过某个界限 D_0，则认为理论分布 $F_0(x)$ 与实际数值不符，因而很可能否定 H_0。然而，问题的这种“非此即彼”的提法显得有些勉强，因此理论和实际一般说来没有绝对的符合与否，更恰当的提法是：实际数据与理论分布的符合程度如何？由于这个原因，通常对 H_0 我们不是以“是”或“否”的形式来回答，而是提供一个介于 0 ~ 1 之间的数作为符合程度的数量刻画，这个数称为“拟合优度”，由于 D 有不同的方法来定义，因而有多种不同方法来检验。

χ^2 拟合检验的基本想法是：把作为随机变量 X 的值域划分为互不相交的 k 个区间 $A_1=[a_0, a_1)$，$A_2=[a_1, a_2)$，$\cdots$，$A_k=[a_{k-1}, a_k)$，这些区间的长度可以不等，设 $(x_1, x_2, \cdots, x_n)$ 是总体 X 的容量为 n 的样本观察值，υ_i 为样本观察值落入区间 A_i 的频数，则 $\sum_{i=1}^{k}\upsilon_i = n$；随机变量 X 落到区间 A_i 的事件仍然用 A_i 表示，把 $(x_1, x_2, \cdots, x_n)$ 作为一次 n 重独立试验的结果，那么在这 n 重独立试验中事件 A_i 发生的频率为 υ_i/n。当 H_0 为真时，事件 A_i 发生的概率

$$p_i=P\{a_{i-1} \leqslant X < a_i\}=F_0(a_i)-F_0(a_{i-1}),\ i=1, 2, \cdots, k$$

当 H_0 为真时，事件 A_i 发生的概率 p_i 与事件 A_i 发生的频率 υ_i/n 的差异应该比较小，且 $\sum_{i=1}^{k}(\upsilon_i/n-p_i)^2$ 仍然比较小。若 $\sum_{i=1}^{k}(\upsilon_i/n-p_i)^2$ 比较大，很自然地认为 H_0 不真，根据这种想法，皮尔逊构造了一个检验统计量

$$\chi^2=\sum_{i=1}^{k}\frac{(\upsilon_i-np_i)^2}{np_i}$$

它能比较好地反映频率与概率之间的差异，在样本值 $(x_1, x_2, \cdots, x_n)$ 下，若 χ^2 的观察值过大就拒绝 H_0。为此，需要知道这个统计量的分布。

皮尔逊定理

设 $F_0(x;\ \theta_1,\ \theta_2,\ \cdots,\ \theta_r)$ 为总体 X 的真实分布，其中 $\theta_1,\ \theta_2,\ \cdots,\ \theta_r$ 为 r 个未知参数。在 $F_0(x;\ \theta_1,\ \theta_2,\ \cdots,\ \theta_r)$ 中用 $\theta_1,\ \theta_2,\ \cdots,\ \theta_r$ 的极大似然估计量 $\hat{\theta}_1,\ \hat{\theta}_2,\ \cdots,\ \hat{\theta}_r$ 代替得 $F_0(x;\ \hat{\theta}_1,\ \hat{\theta}_2,\ \cdots,\ \hat{\theta}_r)$，令

$$\hat{p}_i = F_0(a_i;\ \hat{\theta}_1,\ \hat{\theta}_2,\ \cdots,\ \hat{\theta}_r) - F_0(a_{i-1};\ \hat{\theta}_1,\ \hat{\theta}_2,\ \cdots,\ \hat{\theta}_r)$$

则当样本 $n \to \infty$ 时，有

$$\chi^2 = \sum_{i=1}^{k} \frac{(\upsilon_i - n\hat{p}_i)^2}{np_i} \to \chi^2(k-r-1)$$

若 $F_0(x)$ 不含有未知参数（即 r=0），则 $\hat{p}_i$ 应记作 p_i，定理仍然成立。

根据这个定理，我们得到在显著性 α 下，检验假设

H_0：$F_x(x) = F_0(x)$；H_1：$F_x(x) \neq F_0(x)$

的检验法则：

对于样本值 $(x_1,\ x_2,\ \cdots,\ x_n)$（要求 $n \geqslant 50$），求出 χ^2 的观察值：

若 $\chi^2 = \sum_{i=1}^{k} \frac{(\upsilon_i - n\hat{p}_i)^2}{np_i} \geqslant \chi^2_{1-\alpha}(k-r-1)$，则拒绝 H_0；

若 $\chi^2 = \sum_{i=1}^{k} \frac{(\upsilon_i - n\hat{p}_i)^2}{np_i} < \chi^2_{1-\alpha}(k-r-1)$，则接受 H_0。

通过以上讨论，我们总结以下 K. 皮尔逊的 χ^2 拟合检验的步骤：

（1）用极大似然估计法求出 $F_0(x;\ \theta_1,\ \theta_2,\ \cdots,\ \theta_r)$ 的所有未知参数的极大似然估计值 $\hat{\theta}_1,\ \hat{\theta}_2,\ \cdots,\ \hat{\theta}_r$。

（2）把总体 X 的值域划分 k 个互不相交的 $[a_{i-1},\ a_i)$，i=1，2，…，k（a_0，a_k 可以分别取 $-\infty$，$+\infty$）。

若样本值已经是分组观察数据，则可参考其分点，将各组做适当的合并，k 的大小没有严格规定，但 k 太小会使检验太粗糙，而 k 太大又会增大随机误差，通常样本容量 n 大些，k 可稍大些，但一般有 $5 \leqslant k \leqslant 16$，其中每个区间通常包含不少于 5 个数据，数据个数少于 5 的区间并入相邻的区间。

（3）假定 H_0 成立下，计算各区间的理论概率 $\hat{p}_i$ 及理论频数 $n\hat{p}_i$，其中

$$\hat{p}_i = F_0(a_i;\ \hat{\theta}_1,\ \hat{\theta}_2,\ \cdots,\ \hat{\theta}_r) - F_0(x_1,\ x_2,\ \cdots,\ x_n)$$

（4）根据样本观察值 $(x_1,\ x_2,\ \cdots,\ x_n)$，算出落在区间 $[a_{i-1},\ a_i)$ 中的实际频数 υ_i，再计算统计量 χ^2 的观察值

$$\chi^2 = \sum_{i=1}^{k} \frac{(\upsilon_i - n\hat{p}_i)^2}{np_i}$$

(5)根据所给显著性水平 α，查 χ^2 分布表，得 $\chi^2_{1-\alpha}(k-r-1)$，其中 r 是 $F_0(x)$ 中的未知参数的个数。

(6)若 $\chi^2 \geqslant \chi^2_{1-\alpha}(k-r-1)$，则拒绝 H_0；若 $\chi^2 < \chi^2_{1-\alpha}(k-r-1)$，则接受 H_0。

三、柯尔莫哥洛夫的 D_n 检验法

假定总体 x 的分布函数为 $F(x)$ 连续而未知，在给定显著性水平 α 下，要检验假设

$$H_0: F(x)=F_0(x);\ H_1: F(x) \neq F_0(x)$$

这个问题可以用 x 拟合检验法来检验，但有不足之处。

χ^2 拟合检验法是比较样本频率 υ_i/n 与理论概率 $\hat{p}_i=F_0(a_i)-F_0(a_{i-1})$ 而得到的。这就是说，它利用划分区间的方法来考虑 $F_n(x)$ 与 $F_0(x)$ 的偏差，这种方法对于离散型和连续型总体分布都适用，但它依赖于区间划分，因此可以想象，尽管有时 $F(x) \neq F_0(x)$，但在某种划分下有

$$F(a_i)-F(a_{i-1})=F_0(a_i)-F_0(a_{i-1}),\ i=1, 2, \cdots, k$$

从而把不真的原假设接受过来，由此看到，χ^2 检验法实际上只是检验了 $p_i=F(a_i)-F(a_{i-1})$ 是否等于 $p_i=F(a_i)-F(a_{i-1})$（$i=1, 2, \cdots, k$）。柯尔莫哥洛夫对总体为连续的情况提出了一种检验法，一般称为柯尔莫哥洛夫方程检验法或 D_n 检验法。

这种检验法也是比较样本经验分布函数 $F_n(x)$ 与总体分布函数 $F(x)$ 的。它不是在划分的区间上考虑 $F_n(x)$ 与原假设 $F_0(x)$ 之间的偏差，而是在每一点上考虑它们之间的偏差，这就克服了 χ^2 拟合检验法依赖于区间划分的缺点，但它的应用范围要窄一些，因为它必须假定总体分布函数为连续的情形。

根据格列汶科定理，当 n 充分大时，样本经验分布函数 $F_n(x)$ 是总体分布函数 $F(x)$ 的很好的近似，$F_n(x)$ 与 $F(x)$ 的偏差不应太大，柯尔莫哥洛夫用 $F_n(x)$ 与 $F_0(x)$ 的偏差的最大值构造一个统计量

$$D_n=\sup_{-\infty < x < +\infty} |(F_n(x)-F_0(x)|$$

并得到了这个统计量 D_n 的精确分布和极限分布。

当 H_0: $F(x)=F_0(x)$ 为真时，则

$$D_n=\sup_{-\infty < x < +\infty} |(F_n(x)-F_0(x)|,$$

的值一般较小（n 充分大），若 D_n 的值较大就应该拒绝假设 H_0，于是，对于给定显著性水平 α，有

$$P\{D_n \geqslant c|H_0 \text{为真}\}=\alpha$$

其中 c 为适当大的正数，要确定 c 要用下面定理。

第四节　假设检验应用实例

在大多数情况下，分布测试都是采取抽取检验，通过对样本的测试对总体的某个或某些特征进行估计和做出推断。统计推断包括参数估计和假设检验。参数估计和假设检验是两类有联系而又有区别的统计推断。参数估计指的是随机变量分布函数已知，需要通过样本估计分布的参数。如果不知道随机变量分布的函数形式，只能假设其具有某种分布形式，假设是否合理，需要根据样本值通过假设检验分布参数来推断其是否正确，这属于假设检验。

在实际工作（数据分析）中，有时并不知道总体是服从什么分布，这就需要根据样本数据来检验总体分布形式，称为分布拟合检验。其中最常见的是总体分布正态性检验。常用的方法有正态概率纸法、χ^2 拟合检验法等。

如果 X 为离散型随机变量，且理论分布形式已知，则其假设形式可设为：

H_0：总体分布律为

$$P(X=a_i)=p_i,\ i=1,\ 2,\ \cdots,\ k$$

其中，a_i 与 p_i 均为已知。

设 X_1，X_2，…，X_n 是从总体中抽取的样本：x_1，x_2，…，x_n 是相应的样本观测值，以 υ_i 记 x_1，x_2，…，x_n 中等于 a_i 的个数，考虑样本容量 n 足够大时，由大数定理 x_1，x_2，…，x_n 中等于 a_i 的个数大致为 np_i. 不妨将 np_i，称为“理论频数”，而把 υ_i 称为“经验频数”，如表 5–1 所示：

表 5–1　X 频数表

X	a_1	a_2	…	a_k
理论频数	np_1	np_2	…	np_k
经验频数	υ_1	υ_2	…	υ_k

由常识知，理论频数与经验频数的差异越小，越符合原假设 H_0 的内容，基于这种想法，统计学家 K. 皮尔逊构造出了以下统计量：

$$\chi^2=\sum_{i=1}^{k}\frac{(np_i-\upsilon_i)^2}{np_i}$$

并证明了如下重要的结论：

如果原假设 H_0 成立，则当样本量 $n\to\infty$ 时，χ^2 的极限分布是自由度为 k–1 的 χ^2 分布，即 $\chi^2(k-1)$。

一、假设检验在检验饮料容量中的应用

某种饮料的易拉罐瓶的标准容量为 335 毫升，为对生产过程进行控制，质量监测人员定期对某个分厂进行检查，确定这个分厂生产的易拉罐是否符合标准要求。如果易拉罐的平均容量大于或小于 335 毫升，则表明生产过程不正常。试陈述用来检验生产过程是否正常的原假设和备择假设。

解：研究者想收集证据予以证明的假设应该是“生产过程不正常”。建立的原假设和备择假设为

$$H_0：\mu=335\text{ml} \quad H_1：\mu \neq 335\text{ml}$$

消费者协会接到消费者投诉，指控品牌纸包装饮料存在容量不足，有欺骗消费者之嫌。包装上标明的容量为 250 毫升。消费者协会从市场上随机抽取 50 盒该品牌纸包装饮品进行假设检验。试陈述此假设检验中的原假设和备择假设。

解：消费者协会的意图是倾向于证实饮料厂包装饮料小于 250ml。建立的原假设和备择假设为

$$H_0：\mu=335\text{ml} \quad H_1：\mu \neq 335\text{ml}$$

二、假设检验在检验骰子是否均匀、对称中的应用

一枚骰子掷了 120 次，结果如表 5-2 所示：

表 5-2 次数表

出现点数 i	1	2	3	4	5	6
出现次数 υ_i	23	26	21	20	15	15

试在 α=0.05 下检验这枚骰子是否均匀、对称？

χ^2 拟合优度检验（chi-square goodness-of-fit test）适用于具有明显分类特征的数据。例如，要研究消费者对某种产品是否有“颜色”的偏好，可以将 200 位消费者按购买不同颜色的产品分类，得到各颜色购买者的人数。根据这些样本数据来判断样本所属的总体分布与某一设定分布是否有显著差异，所谓设定分布可以是我们熟悉的理论分布，如正态分布、均匀分布等，也可以是任何想象的分布。零假设 H_0 是：样本所属总体其分布形态与设定分布无显著差异。在进行检验时需要构造如上所述的 χ^2 统计量：

$$\chi^2=\sum_{i=1}^{k}\frac{(f_{0i}-f_{ei})^2}{f_{ei}}$$

式中，k 是样本分类的个数，f_{oi} 表示实际观察到的频数，f_{ei} 表示设定频数，即理论频数。可见，如果观察频数与设定频数越接近，则 χ^2 值越小，根据皮

尔逊定理，当 n 充分大时，χ^2 统计量渐近服从于 $k-1$ 个自由度的 χ^2 分布。

由于奠定检验基础的皮尔逊定理要求样本是充分大所以在搜集资料时必须要保证样本容量不小于 50，同时每个单元中的期望频数不能太小，如果第一次分类时有单元中的频数小于 5，则需要将它与相邻的组进行合并，如果 20% 的单元理论频数 f_e 小于 5，则不能用 χ^2 检验了。

解决方案

设 X 是骰子出现的点数，根据题意提出原假设：

$$H_0: P(X=i)=1/6,\ i=1,\ 2,\ 3,\ 4,\ 5,\ 6$$

这里，$n=120$，$p_i=1/6$，$npi=20$，故检验统计量：

$$\chi^2=\sum_{i=1}^{6}\frac{(npi-\upsilon_i)^2}{npi}=4.8$$

查卡方分布表，得 $\chi^2_{0.05}(5)=11.071>4.8$。

所以，在显著性水平 $\alpha=0.05$ 下接受原假设，即可认为这枚骰子是均匀、对称的。

目前，一些大商场采用有奖销售的方法吸引顾客，进行促销活动，即购买一定价值的商品，发给顾客带有编号的奖券，在发出一定数量的奖券后，使用公开摇奖的方式产生中奖号码，顾客可根据自己手中的奖券号码与摇奖产生的号码是否相符来决定是否中奖。摇奖方法通常采用奖标有 0 ~ 9 的球注入摇奖机，然后按一定的规则，把摇出的数码组合成兑奖号码。在科学技术十分发达及各项制度健全的今天，我们一般应排除作弊的可能性。但摇奖结果受到摇奖机是否正常、所用球是否均匀、操作方法是否规范等很多因素的影响，因此摇奖结果是否符合客观规律、其结果是否公平，这可用统计的方法加以分析。

三、假设检验在检验摇奖是否公平中的应用

某商场自开办有奖销售以来 13 期中奖号码中，各数码出现频数如表 5–3 所示：

表 5–3　中奖号码频数表

数码	0	1	2	3	4	5	6	7	8	9	合计
频数	21	28	37	36	31	45	30	37	33	52	350

试问在出现这样结果的情况下，该商场的摇奖结果是否公平，或者说摇奖机械工作是否正常、所用的球是否均匀、操作方法是否正确等？

用分布拟合检验法解决提出的问题。

如果摇奖机械正常，则每次摇出各球号的可能性（概率）应是相等的，即为1/10，设

$$X=\text{每次摇出的球的号码数}$$

则 X 应服从离散型的均匀分布，即

$$p_k=P(X=k)=1/10,\ k=0,\ 1,\ 2,\ \cdots,\ 9$$

因此检验摇奖结果是否正常等价于检验 X 是否服从上述概率分布，即检验假设

$$\begin{cases} H_0\text{：}X\text{的分布律服从}p_i=1/10,\ i=0,\ 1,\ 2,\ \cdots,\ 9 \\ H_1\text{：}X\text{的分布律不服从上述分布} \end{cases}$$

下面分析如何给出检验此假设的方法。

解决方案

利用所给数据，可求得 χ^2 的观测值 $\chi^2=\sum_{i=1}^{k}\frac{(f_i-np_i)^2}{np_i}$。

若取 $\alpha=0.05$，$\chi^2_\alpha(10-1)=16.919<\chi^2=19.387$。

因而根据所给数据应拒绝 H_0，即认为摇奖过程（包括摇奖器械球的均匀性操作方法等）有一定的问题。

若取 $\alpha=0.01$，$\chi^2_\alpha(10-1)=21.666>\chi^2=19.387$。

就所观测到的结果，还没有足够的理由否定摇奖的公平性。

H_0 分布拟合检验法一般可叙述如下：

设 X_1，X_2，…，X_n 是来自总体 X 的样本，F 是一个完全已知或形式已知但其中含有 l 个未知参数分布函数，利用此样本检验假设：

H_0：X 的分布服从 F，H_1：X 的分布不服从 F

检验此假设的 χ^2 分布拟合检验法的一般步骤如下。

（1）把总体 X 的一切可能值划分为 r 个互不相交的子集合，记为 Ω_1，Ω_2，…，Ω_r 从而得 r 个互不相容的完备事件组 $A_i=\{X\in\Omega_i\}$，$i=1$，2，……，r。

（2）在 H_0 为真的条件下，通过样本估计（如矩估计或极大似然估计）F 中的未知参数（如果有的话），通过 F 计算事件 A_i 的概率 $P(A_i)=p_i$，$i=1$，2，…，r；并计算 A_i 发生的理论频数。

（3）统计出样本观测值 x_1，x_2，…，x_n 落入 Ω_1 的频数，记为 n_i，$i=1$，2，…，r。一般地，经验表明 Ω_1 划分应使所有 $n_i\geqslant 5$ 及 $np_i\geqslant 5$。

（4）构造统计量

$$K^2=\sum_{i=0}^{r}\frac{(n_i-np_i)^2}{np_i}$$

可证明 $K^2 \sim \chi^2(r-l-1)$。其中，r 是 F 中待估计的未知参数个数（注意此处 i 是从 1 开始的）。对于给定的显著水平 α，H_0 的拒绝域为

$$K^2 \geqslant \chi_\alpha^2(r-l-1)$$

在实际应用中，步骤（1）中的 Ω_i 通常要根据问题的实际背景来确定，如本例中，$\Omega_i=\{i\}$，$i=0$，1，2，…，9。

四、假设检验在推断母亲嗜酒是否影响下一代的智力中的应用

母亲嗜酒是否影响下一代的健康？当人类科学家在探索问题的丛林中遇到难以逾越的障碍时，唯有统计学工具可以为其开辟一条前进的道路。美国的琼斯（Jones）医生于 1974 年观察了母亲在妊娠时曾患慢性酒精中毒的 6 名七岁儿童（称为甲组）。以母亲的年龄、文化程度及婚姻状况与前 6 名儿童的母亲相同或相近，但不饮酒的 46 名七岁儿童为对照组（称为乙组）。测定两组儿童的智商，结果如表 5–4：

表 5–4　儿童智商数据表

组别＼项目	人数 n	智商平均数	样本标准差 S
甲组	6	78	19
乙组	46	99	16

由此结果推断母亲嗜酒是否影响下一代的智力？若有影响推断已影响的程度有多大？

智商一般受诸多因素的影响，从而可以假定两组儿童的智商服从正态分布

$$n(\mu_1,\ \sigma_1^2),\ n(\mu_2,\ \sigma_2^2)$$

本问题实际是检验甲组总体的均值 μ_1 是否比乙组总体的均值 μ_2 偏小？若是，这个差异范围有多大？前一问题属假设检验，后一问题属区间估计。

解决方案

由于两个总体的方差未知，而甲组的样本容量较小。因此采用大样本下两总体均值比较的 u 检验法似乎不妥。故采用方差相等（但未知）时，两正态总体均值比较的 t 检验法对第一个问题做出回答。为此，利用样本先检验两总体方差是否相等，即检验假设

H_0：$\sigma_1^2=\sigma_2^2$，H_1：$\sigma_1^2 \neq \sigma_2^2$

当 H_0 为真时，统计量

$$F=\frac{S_1^2}{S_2^2} \sim F(5,\ 45)$$

拒绝域为 $F \leqslant F_{1-\frac{\sigma}{2}}(5，45)$ 或 $F \geqslant F_{\frac{\sigma}{2}}(5，45)$，取 α=0.1

$$F_{\frac{\sigma}{2}}(5，45)=F_{0.05}(5，45)=2.43$$

$$F_{\frac{\sigma}{2}}(5，45)=F_{0.95}(5，45)=\frac{1}{F_{0.05}(45，5)}=0.22$$

F 的观察值 $F_0=\frac{19^2}{16^2}=1.41$，得

$$F_{0.95}(5，45) < F_0 < F_{0.05}(5，45)$$

未落在拒绝域内故接受 H_0，即认为两总体方差相等。

下面用 t 检验法检验 μ_1 是否比 μ_2 显著偏小，即检验假设

$$H_0：\mu_1=\mu_2，H_1：\mu_1 < \mu_2$$

当 H_0 为真时，检验统计量

$$T=\frac{\overline{X_1}-\overline{X_2}}{S_w\sqrt{\frac{1}{n_1}+\frac{1}{n_2}}} \sim t(n_1+n_2-2)$$

其中

$$S_w^2=\frac{(n_1-1)S_1^2+(n_2-1)S_2^2}{n_1+n_2-2}$$

取 α=0.01，将 $S_1^2=19$，$S_2^2=16$，$n_1=6$，$n_2=46$，$\overline{x}=99$ 代入，得

T 的观察值 $T_0=-2.96 < -2.54=-t_{0.01}(50)$ 落在拒绝域内，故拒绝 H_0 即认为母亲嗜酒会对儿童智力发育产生不良影响。下面继续考察这种不良影响的程度。为此要对两总体均值差进行区间估计。

$\mu_2-\mu_1$ 的置信度为 $1-\alpha$ 的置信区间为

$$\overline{X_1}-\overline{X_2} \pm S_w\sqrt{\frac{1}{n_1}+\frac{1}{n_2}}t_{\frac{\sigma}{2}}(n_1+n_2-2)$$

取 α=0.01，并代入相应数据可得 $t_{0.005}(50)=2.67$，$S_w=16.32$

于是置信度为 99% 的置信区间为

$$99-78 \pm 16.32 \times 2.67 \times \sqrt{\frac{1}{n_1}+\frac{1}{n_2}}=21 \pm 18.91=(2.09，39.91)$$

由此可断言：在 99% 的置信度下，嗜酒母亲所生孩子在七岁时自己智商比不饮酒的母亲所生孩子在七岁时的智商平均低 2.09 ~ 39.91。

在解决问题过程中，两次假设检验所取的显著性水平不同。在检验方差相等时，取 α=0.1；在检验均值是否相等时取 α=0.01。前者远比后者大。为

什么要这样取呢？因为检验的结果与检验的显著性水平 α 有关。α 取得小，则拒绝域也会小。产生的后果使零假设 H_0 难以被拒绝。因此，限制显著性水平的原则体现了“保护零假设”的原则。

在 α 较大时，若能接受 H_0，说明 H_0 为真的依据很充足；同理，在 α 很小时，我们仍然拒绝 H_0，说明 H_0 不真的理由就更充足。在本例中，对 α=0.01，仍得出 $\sigma_1^2=\sigma_2^2$ 可被接受及对 α=0.01，$\mu_1=\mu_2$ 可被拒绝的结论，说明在所给数据下，得出相应的结论有很充足的理由。

另外在区间估计中，取较小的置信水平 α=0.01（即较大的置信度），从而使得区间估计的范围较大。若反之，取较大的置信水平，则可减少估计区间的长度，使区间估计更为精确，但相应地，区间估计的可靠度要是降低了，则要冒更大的风险。

五、假设检验在检验经理的方案是否有效中的应用

某银行经理认为现在的储蓄机制有点片面地强调顾客的存款数而对顾客取款缺乏一些激励措施。为此，他设计了一种将存款数与存款期限相乘的指数，然后在不太影响银行效益的前提下设计了一些有吸引力的存款有奖措施以尽量减少顾客的取款数。为了比较此方案的有效性随机地选择了该银行的 15 位储户，得到他们在新方案实施前后的指数，结果见表 5-5 所示。

表 5-5 存款指数数据表

储户	①方案实施前	②方案实施后	② - ①
1	10020	10540	520
2	720	780	60
3	9105	9453	348
4	1062	1573	511
5	3905	3962	57
6	4401	4673	272
7	8100	8205	105
8	12011	12458	447
9	847	959	112
10	6583	7444	591
11	4602	4982	380
12	8452	8831	379
13	182	648	466
14	6740	6969	229
15	2738	2408	30

取 α=0.01，检验该经理的方案是否有效。

对本检验问题，采用成对数据的比较方法较好。这是因为初看起来，这是两总体均值的比较问题，即将新方案实施前后的指数分别看成两个总体，将 15 位储户在新方案实施前后的指数看成来自这两个总体的样本，若进一步假设这两个总体服从正态分布，便可利用 t 检验法检验二者的均值是否有显著差异。但仔细想想，发现这样有点欠妥，因为每位储户的家庭经济状况、消费水平、理财策略等会有很大的差异，从而储户的存款存在较大差异，这使得各储户之间的存款指数缺乏一致性，因而看成来自同一总体的样本是不妥当的。

如果将同一储户在新方案实施前后的存款指数相减，由于各储户在新方案实施前后的经济状况、消费水平、理财策略等方面不会有太大的变化，则该差值不是由各储户的家庭状况的差异而来的，而是反映了新方案的实施对存款指数的影响，因而将这些差值看成来自某一总体的样本就比较合理了。若进一步假定这些差值服从正态分布，则 u 的大小反映了新方案实施前后对存款指数的平均影响程度。检验方案是否有效，等价于检验假设

$$Z=F^{-1}(X)$$

该假设便可由正态总体均值的 t 检验法来检验。

解决方案

以

$$F_z(z)=P(Z\leqslant z)=P(F^{-1}(X)\leqslant z)$$
$$=P(X\leqslant F(z))=G(F(z))=F(z)$$

分别表示新方案实施前后各储户的存款指数，令 $y_i=x_{2i}-x_{1i}$，$i=1$，2，…，15，则 $Y=F^{-1}(X)$ 可看成来自正态总体 $X=F(Y)=\int_{-W}^{Y}f(y)\,\mathrm{d}y$ 的一个容量为 15 的样本观测值。由此可求得：

$$\overline{y}=\frac{1}{15}\sum_{i=1}^{15}y_i=300.47$$

$$S_n=\sqrt{\frac{1}{15-1}\sum_{i=1}^{15}(y_i-\overline{y})^2}=190.96$$

由正态总体均值的 t 检验统计量及上述假设可得其拒绝域为

（注意此处 $f(y)=\begin{cases}\lambda\mathrm{e}^{\lambda y}, & y>0,\\ 0, & y\leqslant 0,\end{cases}\quad \lambda>0$）

$$r_i=\int_{-\infty}^{yi}\lambda e^{-\lambda y}\,dy=1-e^{-\lambda yi}$$

即

$$y_i=-\frac{1}{\lambda}\ln(1-r_i)，\alpha=0.01，t_{0.01}(14)=2.624$$

代入具体数据可求得 $y_i=-\frac{1}{\lambda}\ln r_i$。所以，$f(x)=\begin{cases}0.5\sin x, & 0<x<\pi,\\ 0, & 其他,\end{cases}$

拒绝 H_0，所给数据结果显著地支持新方案有效。

本例关于原假设 H_0 的选择体现了数理统计教材中指出的如何选择零假设和备择假设的思想，即我们“希望”证实某方法有效果时，“有意”将“该方法无效”作为零假设。因为如果这时还能拒绝零假设（特别是在显著性水平 α 较小时），则“有效果”的断言就得到更有力的支持。反之，若把“新方法有效果”作为零假设，则当它被接受时，只是说明有效果的断言“能与观察数据相容”，并不能说明它受到观察数据的有力支持。

在一些重要比赛中，裁判给选手打分，往往去掉一个最高分，去掉一个最低分，再取平均值计算。这样做的原因是避免个别过高或过低的不合理评分影响选手的成绩。实际上，在对数据进行统计分析时，往往需要考虑是否受异常值的干扰。异常值是指样本中的个别值，其数值明显偏离它所属样本的其余观测值，异常值可能是总体固有的随机变量异常值的极端表现，这种异常值和样本中其余观测值属于同一总体。异常值也可能是由试验条件和试验方法的偶然偏离所产生的后果，或产生于观测、计算、记录中的失误。这种异常值和样本中其余观测值不属于同一总体。

由于异常值的出现对经典的统计方法影响较大，比如，一个偏离严重的异常值将使常用的统计量如样本均值、样本方差产生较大的偏差，因此，异常值的检验逐渐成为统计学中的重要问题。

一旦样本观测值中存在异常值，那么它一定是样本观测值中的最大值 $X_{(n)}$ 或最小值 $X_{(1)}$，反之则不一定成立。如果同侧不止一个异常值，则依次为 $X_{(n-1)}$ 或最小值 $X_{(2)}$，以此类推。构造异常值的差异的检验统计量，通常是按照能描述样本极值 $X_{(n)}$ 或 $X_{(1)}$ 与样本主体之间的差异的原则来进行的。

此外，对于一些常见的分布如指数分布、极值分布等，都有一些统计学者提出了异常值的检验方法，还颁布了几个关于异常值检验的国家标准，对于用统计方法检查出的异常值，应尽可能寻找产生异常值的技术上的、物理上的原因，作为处理异常值的依据。

六、假设检验在检验、统计分析、信息安全中的应用

射击 16 发子弹，射程（从小到大排列）分别为：1125，1248，1250，1259，1273，1279，1285.1285，1293，1300，1305，1312，1315，1324，1325，1350（单位：m），检验极小值 X_m=1125 是否为异常值（α=0.01）?

处理异常值的方式通常有：将异常值保留在样本中，参加其后的数据分析，但对相应的结果给予必要的关注；将异常值从样本中剔除后，再做数据分析；将异常值剔除后，追加适宜的观测值计入样本；寻找产生异常值的实际原因修正异常值。一般应根据实际问题的性质，权衡得失风险，确定相应的处理方式。

由样本值计算出：$\bar{X}$ =1283，S=50.7609，于是有

$G(16)=\dfrac{1283-1125}{50.7609}=3.1126$（选择这个统计量的依据是什么？）

α=0.01，$G(16)$ 的临界值（由异常值检验表可查）为 $2.747 < 3.1126$，因此判断极小值 1125 为异常值。

异常点检测在数据挖掘、统计分析和信息安全中都有着重要的作用。

第六章　方差分析与正交试验

方差分析是数理统计中的一种重要方法，根据影响因素的多少，可以分为单因素方差分析、双因素方差分析以及多因素方差分析。在数理统计实践的过程中，往往需要做试验，正交试验的设计及其方差分析是一项重要的方法，具有较广的应用范围与较高的效率，因此掌握方差分析与正交试验的方法基础对于数理统计具有重要的意义。下面将通过案例的方式，对方差分析进行分析和研究。

第一节　方差分析及其数学原理

一、方差分析概述

方差分析，又称“变异数分析”或“F检验”，是费希尔(R.A.Fisher)发明的，用于两个及两个以上样本均数差别的显著性检验。受不同因素的影响，研究所得的结果会不同。造成结果差异的原因可分成两类：一类是不可控的随机因素的影响，这是人为很难控制的一类影响因素，称为随机变量；另一类是研究中人为施加的可控因素对结果的影响，这类因素称为控制变量。

一个复杂的事物，其中往往有许多因素互相制约又互相依存。方差分析的基本思想：通过分析研究不同变量的变异对总变异的贡献大小，确定控制变量对研究结果影响力的大小。通过方差分析，分析不同水平的控制变量是否对结果产生了显著的影响。如果控制变量的不同水平对结果产生了显著的影响，那么它和随机变量共同作用，必然会使结果有显著的变化；如果控制变量的不同水平对结果没有显著的影响，那么结果的变化主要由随机变量起作用，和控制变量关系不大。

方差分析是一种统计假设检验方法，与F检验相比，方差分析的应用更加广泛，对问题分析得更加深入，是分析试验数据的重要方法之一。

对一个具体问题进行方差分析，必须要求这个问题满足方差分析模型的

3 个条件：

①被检验的各个总体都服从正态分布；

②各个总体的方差相等(方差齐性)；

③各次试验是独立的。

在上述 3 个条件成立的前提下，要分析自变量对因变量是否有显著的影响，在形式上就转化为检验自变量的各个水平(总体)的均值是否相等的问题。方差分析将 n 个试验结果作为一个整体看待，把表示试验结果总变异的平方和及其自由度分解为相应于不同自变量的平方和及自由度，进而获得相同自变量的总体方差估计值，通过计算这些估计值的适当比值就能检验各样本所属的总体均值是否相等。概括来讲，方差分析的最大功用在于：

①它能将引起变异的多种因素的各自作用一一剖析出来，做出量的估计，进而明辨哪些因素起主要作用，哪些因素起次要作用；

②它能充分利用资料提供的信息将试验中由偶然因素造成的随机误差无偏地估计出来，从而大大提高了对试验结果分析的精确性，为统计假设检验的可靠性提供了科学的理论依据。

因此，方差分析的实质是关于试验结果变异原因的数量分析，是科学研究的重要根据。

二、方差分析的数学原理

(一)离差平方总和划分

把整个试验结果所得的每一个观测值 x_{ij} 对其总平均数 $\overline{x}$ 的离差进行平方并求总和，即为所有的离差平方总和，用 S 表示，得下式：

$$S=\sum_{i=1}^{n}\sum_{j=1}^{r}(x_{ij}-\overline{x})^2 \tag{6-1}$$

要将这个离差平方总和划分成两部分，可在离差 $(x_{ij}-\overline{x})^2$ 中添进一个列平均数 $\overline{x}_i$ 成为 $(x_{ij}-\overline{x}_i+\overline{x}_i-\overline{x})$，并求平方总和。于是

$$\begin{aligned}S&=\sum_{i=1}^{n}\sum_{j=1}^{r}(x_{ij}-\overline{x})^2=\sum_{i=1}^{n}(x_{ij}-\overline{x}_i+\overline{x}_i-\overline{x})^2=\sum_{i=1}^{n}\sum_{j=1}^{r}[(x_{ij}-\overline{x}_i)+(\overline{x}_i-\overline{x})]^2\\&=\sum_{i=1}^{n}\sum_{j=1}^{r}[(x_{ij}-\overline{x}_i)^2+2(x_{ij}-\overline{x}_i)(\overline{x}_i-\overline{x})+(\overline{x}_i-\overline{x})^2] \qquad (6\text{–}2)\\&=\sum_{i=1}^{n}\sum_{j=1}^{r}(x_{ij}-\overline{x}_i)^2+2\sum_{i=1}^{n}\sum_{j=1}^{r}(x_{ij}-\overline{x}_i)(\overline{x}_i-\overline{x})+\sum_{i=1}^{n}\sum_{j=1}^{r}(\overline{x}_i-\overline{x})^2\end{aligned}$$

式(6–2)中右边的二倍积项

$$
\begin{aligned}
2\sum_{i=1}^{n}\sum_{j=1}^{r}(x_{ij}-\bar{x}_i)(\bar{x}_i-\bar{x}) &= 2\sum_{i=1}^{n}(\bar{x}_i-\bar{x})\sum_{j=1}^{r}(x_{ij}-\bar{x}_i) \\
&\quad -2(n\bar{x}\quad n\bar{x})(r\bar{x}-r\bar{x}) \\
&= 0
\end{aligned}
$$

式(6–2)中右边最后一项

$$\sum_{i=1}^{n}\sum_{j=1}^{r}(\bar{x}_i-\bar{x})^2 = r\sum_{i=1}^{n}(\bar{x}_i-\bar{x})^2$$

于是式(6–1)，是离差平方总和划分为两部分离差平方和之和，即

$$S=\sum_{i=1}^{n}\sum_{j=1}^{r}(x_{ij}-\bar{x})^2=\sum_{i=1}^{n}\sum_{i=1}^{r}(x_{ij}-\bar{x}_i)^2+r\sum_{i=1}^{n}(\bar{x}_i-\bar{x})^2$$

等号右边的前项是各列观测值对各该列平均数的离差平方和的总和，简称为组内(或列内)平方和，用S_E表示，即

$$S_E=\sum_{i=1}^{n}\sum_{j=1}^{r}(x_{ij}-\bar{x})^2$$

等号右边的后项是各列平均数对总平均数的离差平方和，简称为组间(或列间)平方和，用S_A表示。即

$$S_A=r\sum_{i=1}^{n}(\bar{x}_i-\bar{x})^2$$

它表明试验因素A各水平之间的离差平方和。于是，也可用符号表示为

$$S=S_A+S_E$$

(二)离差平方和的自由度

求得离差平方总和及所划分的两种平方和后，还不能用以进行比较分析。因为离差平方和的大小，除反映离差大小之外，还受离差项数多少所决定。在其他情况相同之下，离差的项数多，所构成的离差平方和就大；离差的项数少，离差平方和就小。因此，在比较分析离差平方和之前，须消去离差项数不同的影响。消去离差项数对离差平方和大小的影响，不是采用离差平方和除以离差的项数去解决的，而是采用离差平方和除以相主的自由度去解决的。用离差平方和除以相应的自由度求得方差后，才能用以进行比较分析。

于是得离差平方和$S=\sum_{i=1}^{n}\sum_{i=1}^{r}(\bar{x}_{ij}-\bar{x})^2$的自由度，用$K$表示，即$K=nr-1$；

组间离差平方和$S_A=r\sum_{i=1}^{n}(\bar{x}_i-\bar{x})^2$的自由度，用$K_1$表示，即$K_1=n-1$；

组间离差平方和$S_E=\sum_{i=1}^{n}\sum_{j=1}^{r}(x_{ij}-\overline{x})^2$的自由度，用$K_2$表示，$K_2=n(r-1)$。

各离差平方和的自由度也存在如下的关系

$$K=K_1+K_2=(n-1)+n(r-1)=nr-1$$

（三）利用 F 检验法对统计假设进行判断

上面已指出，直接用离差平方和进行比较是不合理的，而应计算组间方差和组内方差。如以S_A^2表示组间方差，以S_e^2表示组内方差，则

$$S_A^2=\frac{S_A}{K_1}=\frac{r\sum_{i=1}^{n}(\overline{x}_i-\overline{x})^2}{n-1}$$

$$S_E^2=\frac{S_E}{K_2}=\frac{\sum_{i-1}^{n}\sum_{j=1}^{r}(x_{ij}-\overline{x})^2}{n(r-1)}$$

根据小样本中 F 分布的理论，S_A^2对S_E^2之比，满足$K_1=n-1$为第一自由度，$K_2=n(r-1)$为第二自由度的 F 分布，即

$$F=\frac{S_A^2}{S_E^2}$$

为服从 F 分布的随机变量。

如果假设是正确的，即各列平均数之间没有条件误差存在，纯属随机误差，则S_A^2与S_E^2应是大致相等，二者比值接近于 1。

如果假设不正确，即各列平均数之间，除随机误差外，还有条件误差存在，则S_A^2应显著大于S_E^2，F 值也远大于 1，因为差异的显著性总表现为$S_A^2>S_E^2$。如果$S_A^2<S_E^2$，就不需要进行 F 检验便得知它是不显著的。究竟S_A^2对S_E^2要大到何等程度，才算差异显著，从而判断假设 H 为不可信，需要有一个判断标准。这个标准就是与我们所规定的 α 值以及自由度K_1，K_2相对应的临界值F_α。

如果$F<F_\alpha$，就认为各列平均数间的差异不显著，原假设 H 不能否定；如果$F>F_\alpha$就认为差异显著，即因素各水平对其观测值的变异有显著影响。

常用的显著性水平为$\alpha=0.05$，或$\alpha=0.01$。用 F 值与$F_{0.01}$、$F_{0.05}$进行比较，通常有以下三种情况：

① $F>F_{0.01}$，试验因素对试验指标的影响特别显著，记为“**”；

② $F_{0.05}<F\leqslant F_{0.01}$，试验因素对试验指标的影响显著，记为“*”；

③ $F\leqslant F_{0.05}$，试验因素对试验指标的影响不显著。

三、单因素试验的方差分析

（一）单因素试验概述

在试验工作中，我们把其他一切因素都安排为固定不变的，只就某一个因素进行试验，先确定这个因素变化的若干个等级，然后在每个等级里进行若干次重复试验，这就是单因素试验。这个因素变化所分的等级，通常称为“水平”。对每个水平进行若干次的重复试验，通常是当作一个样本来看待的，也有叫作一个“处理”的。

如果我们把试验的因素 A 分为 n 个“水平”，每个“水平”都进行相等的 r 次重复试验，以 $x_{ij}(i=1, 2, \cdots, n)(j=1, 2, \cdots, r)$ 表示第 i 个水平进行第 j 次试验结果的观测值，可以得到单因素试验的计算表如表 6–1 所示。

表的下面加了两行，一行是合计，即同一水平各次试验观测值的和，用 T_i 表示，即 $T_i=\sum_{j=1}^{r}x_{ij}$；一行是平均数，即同一水平各次试验观测值的平均数，用 $\bar{x}_i$ 表示，即 $\bar{x}_i=\sum_{j=1}^{r}x_{ij}/r=T_i/r$。试验总共进行了 nr 次，总共有 nr 个试验观测值，用 T 表示 nr 个试验观测值的总和，即 $T=\sum_{i=1}^{n}\sum_{j=1}^{r}x_{ij}$；用 $\bar{x}$ 表示 nr 个试验数值的总平均数，即 $\bar{x}=\sum_{i=1}^{n}\sum_{j=1}^{j=1}x_{ij}/nr=T/nr$。

表 6–1　单因素试验计算表

试验次数	因素的水平						总和
	A_1	A_2	…	A_i	…	A_n	
1	x_{11}	x_{21}	…	x_{i1}	…	x_{n1}	—
2	x_{12}	x_{22}	…	x_{i2}	…	x_{n2}	
⋮	⋮	⋮	⋮	⋮	⋮	⋮	
j	x_{1j}	x_{2j}	…	x_{ij}	…	x_{nj}	
⋮	⋮	⋮	⋮	⋮	⋮	⋮	
r	x_{1r}	x_{2r}	…		…	x_{nr}	
合计	T_1	T_2	…	T_i	…	T_n	T
平均数	$\bar{x}_1$	$\bar{x}_2$	…	$\bar{x}_i$	…	$\bar{x}_n$	

对表 6–1 的各列观测值，我们可以这样来认识：每列观测值是在变异因素各个水平下重复试验的观测值，所有试验条件都是同一的，它是来自同一

正态总体的随机变量。故同列测值之间的差异，只能是由偶然因素引起的试验误差，各列的试验误差具有同一性质。如果变异因素的各个水平，对各观测值没有任何影响，则各列观测值均可认为是来自同一总体的随机变量，其各列的平均数应该是相等的，至少是大致相等的，若有差异，也是由随机因素造成的。这就是说，没有条件误差存在。反之，如果变异因素的各个水平对各列观测值有影响，则各列观测值就来自不同的总体，即各列的平均数有明显的差异，就不能认为是由试验的随机因素所引起的了。这就说明各列之间有条件误差存在。

（二）单因素试验的方差分析

下面举例说明如何进行方差分析。

例 6–1 某种作物采用 5 种不同的施肥方法进行试验，每种方法取 4 块条件相同，面积均为 66.7 平方米的地块。试验结果，稻谷产量数据如表 6–2 所示，试判断施肥方法不同对产量是否有显著的影响。

表 6–2 稻谷产量数据

试验次数	按加施化肥方法分组					总和
	$K_2O+P_2O_5$	$N+K_2O+P_2O_5$	K_2O	$N+K_2O$	$N+P_2O_5$	
1	67	98	60	79	90	394
2	67	96	69	64	70	366
3	55	91	50	81	79	356
4	42	66	35	70	88	301
合计	231	351	214	294	327	1 417
平均数	57.75	87.75	53.60	73.50	81.75	70.85

方差分析就是想法把由施肥方法不同所造成的产量差异和由其他随机因素所造成的试验误差分开。同一组内 4 块地上的产量和它们的平均数之差的平方和反映了试验误差，它们是：

第 1 组 $(67-57.75)^2+(67-57.75)^2+(55-57.75)^2+(42-57.75)^2=426.68$

第 2 组 $(98-87.75)^2+(96-87.75)^2+(91-87.75)^2+(66-87.75)^2=665.62$

第 3 组 $(60-53.50)^2+(69-53.50)^2+(50-53.50)^2+(35-53.50)^2=637.10$

第 4 组 $(79-73.50)^2+(64-73.50)^2+(81-73.50)^2+(70-73.50)^2=189.00$

第 5 组 $(90-81.75)^2+(70-81.75)^2+(79-81.75)^2+(88-81.75)^2=252.68$

这 5 个组的和相加，反映了试验误差的大小，称为组内平方和，用 S_E 表示，即

$$S_E=426.684-665.624-637.1+1894-252.68=2171.08$$

5 种不同施肥方法对产量的影响，可以用每组平均产量与总平均产量之差的平方和来表示。由于每组有 4 块地块，将此平方 4 倍，称为组间平方和，用 S_A 表示，即

S_A =4[(57.75−70.85)^2+(87.75−70.85)^2+(53.5−70.85)^2+(73.5−70.85)^2+(81.75−70.85)^2]=3 537.68

组内平方和 S_E 刻画了试验误差的大小，组间平方和 S_A 刻画了不同施肥方法所引起的产量之间的差异程度（其中还包含着随机因素所引起的试验误差）。因此比较 S_A 与 S_E 的大小，就可看出不同施肥方法对产量的影响是不是显著。

但是，S_A 与 S_E 是若干项的平方和，其大小与参加求和的项载有关，应除以各自的自由度。如果平方和是由 n 项组成的，它的自由度就是 $n-1$，如果一个平方和是由几部分的平方和组成的，则总的自由度等于各部分自由度之和。S_A 的自由度用 K_1 表示，S_E 的自由度用 K_2 表示。

在本例中，S_A 是 5 项的平方和，它的自由度 K_1 =5−1=4。S_E 是 5 部分平方和的总和，每一部分的自由度是 4−1=3，于是 S_E 的总自由度 K_2 =5×(4−1)=5×3=15。

S_A 和 S_E 分别除以各自的自由度 K_1 和 K_2，记为 S_A^2 和 S_E^2，分别称为组间的方差和组内的方差。

在本例中

$$S_A^2=\frac{S_A}{K_1}=\frac{3\,537.68}{4}=884.42$$

$$S_E^2=\frac{S_E}{K_2}=\frac{2\,171.08}{15}=144.74$$

计算 F 值

$$F=\frac{S_A^2}{S_E^2}$$

根据 F 值可以做出判断。

显然，F 值越大，表明不同的施肥方法对产量的影响越显著；F 值越小，越对产量影响不显著，或者根本没有影响。判断影响显著与否的界限，根据所规定的 α 值及 K_1，K_2 值查出相应的临界值 F_α。如果 $F>F_\alpha$，则施肥方法不同对产量的影响显著；如果 $F<F_\alpha$，则施肥方法不同对产量影响不显著。

在本例中

$$F=\frac{S_A^2}{S_E^2}=\frac{844.42}{144.74}\approx 6.11$$

根据 F 检验的临界值，当 K_1 =4，K_2 =15 时，$F_{0.05}$ =3.06；当 K_1 =4，K_2 =15 时，$F_{0.01}$ =4.89。现因 F=6.11 > $F_{0.01}$ =4.89，所以，施肥方法不同，对产量的影响显著。总结以上分析列出方差分析表如表 6–3 所示。

表 6–3 方差分析表

差异原因	平方和	自由度	方差	F	F_α	显著性
组间	3 537.68	4	884.42	6.11	$F_{0.01}$ =4.89	
组内	2 171.08	15	144.74		$F_{0.05}$ =3.06	
总和	5 708.76	19				

应用方差分析法，可以根据较少的试验数据，研究出某因素对某种数量的影响作用。

四、双因素试验的方差分析

（一）双因素试验概述

双因素试验就是对两个变异因素的各个水平的各次交错进行全面试验。下面只对各次交错只做一次试验。双因素试验方差分析的目的就是要检验两个变异因素对试验结果的观测值的变异是否都有显著影响，或者一个有显著影响，另一个没有显著影响，作为检验出发点的统计假设 H：为两个变异因素对试验结果的观测值都无影响。

用 A 、B 分别表示两个变异因素，设因素 A 分为 1，2，…，j，…，n 共 n 个水平，因素 B 分为 1，2，…，i，…，m 共 m 个水平，用 x_{ij} 表示 B_i 和 A_j 交错试验的观测值。两个变异因素交错试验的观测值如表 6–4 所示。

表 6–4 双因素交错试验观测值

因素 B	因素 A						行和数	行平均数
	A_1	A_2	…	A_j	…	A_n		
B_1	x_{11}	x_{12}	…	x_{1j}	…	x_{1n}	$T_{1\cdot}$	$\bar{x}_{1\cdot}$
B_2	x_{21}	x_{22}	…	x_{2j}	…	x_{2n}	$T_{2\cdot}$	$\bar{x}_{2\cdot}$
⋮	⋮	⋮	⋮	⋮	⋮	⋮	⋮	⋮
B_i	x_{i1}	x_{i2}	…	x_{ij}	…	x_{in}	$T_{i\cdot}$	$\bar{x}_{i\cdot}$
⋮	⋮	⋮	⋮	⋮	⋮	⋮	⋮	⋮
B_m	x_{m1}	x_{m2}	…	x_{mj}	…	x_{mn}	$T_{m\cdot}$	$\bar{x}_{m\cdot}$
列和数	$T_{\cdot 1}$	$T_{\cdot 2}$	…	$T_{\cdot j}$	…	$T_{\cdot n}$	T	
列平均数	$\bar{x}_{\cdot 1}$	$\bar{x}_{\cdot 2}$	…	$\bar{x}_{\cdot j}$	…	$\bar{x}_{\cdot n}$		$\bar{x}$

根据表 6–4 进行方差分析的理论依据，就是假设 A 、B 两因素对试验结果没有影响，那么 $m\times n$ 个观测值 x_{ij} 就是来自同一正态总体的同一个样本的随机变量，各个 x_{ij} 之间的变异，纯是随机因素所产生的随机误差，从而各列间的平均数 $\overline{x}_{\cdot j}$ 应是相等的，同等总体平均 $\overline{x}$ 、各行间的平均数 $\overline{x}_{i}$ 、也应相等，同等于总体平均数 $\overline{x}$ ，如有差异也是随机误差。假如两个因素对试验结果有影响，则表现在各列平均数 $\overline{x}_{ij}$ 之间和各行平均数 $\overline{x}_{i\cdot}$ 之间就有明显的差异，除随机误差之外，还包含了条件误差，这时就不能认为各个观测值 x_{ij} 是来自同一正态总体的样本的随机变量了。通过方差分析，就能对统计假设是否可信，做出一定可靠程度的判断。

（二）双因素试验的方差分析

为了叙述方便起见，双因素试验的方差分析方法，可分为以下几个步骤讨论。

1. 离差平方和的划分

$m\times n$ 个观测值 x_{ij} 对总体平均数 $\overline{x}$ 的离差平方总和用 S 表示可以分解为下面三个部分；分别用 S_A 、 S_B 和 S_E 表示，则得：

$$
\begin{aligned}
S=\sum_{j=1}^{n}\sum_{i=1}^{m}(-\overline{x})^2 &= \sum_{j=1}^{n}\sum_{i=1}^{m}[(x_{ij}-\overline{x}_{i\cdot}-\overline{x}_{\cdot j}+\overline{x})+(\overline{x}_{i\cdot}-\overline{x})+(\overline{x}_{\cdot j}-\overline{x})]^2 \\
&= \sum_{j=1}^{n}\sum_{i=1}^{m}(x_{ij}-\overline{x}_{i\cdot}-\overline{x}_{\cdot j}+\overline{x})^2+\sum_{j=1}^{n}\sum_{i=1}^{m}(x_{ij}-\overline{x})^2+\sum_{j=1}^{n}\sum_{i=1}^{m}(\overline{x}_{\cdot j}-\overline{x})^2 \\
&\quad +2\sum_{j=1}^{n}\sum_{i=1}^{m}(x_{ij}-\overline{x}_{i\cdot}-\overline{x}_{\cdot j}+\overline{x})(\overline{x}_{\cdot j}-\overline{x}) \\
&\quad +2\sum_{j=1}^{n}\sum_{i=1}^{m}(x_{ij}-\overline{x}_{i\cdot}-\overline{x}_{\cdot j}+\overline{x})+(\overline{x}_{\cdot j}-\overline{x})+2\sum_{j=1}^{n}\sum_{i=1}^{m}(x_{i}-\overline{x})+(\overline{x}_{\cdot j}-\overline{x})
\end{aligned}
$$

上式中的 3 个 2 倍交错乘积项均等于 0，例如

$$
\begin{aligned}
\sum_{j=1}^{n}\sum_{i=1}^{m}(\overline{x}_{ij}-\overline{x}_{i\cdot}-\overline{x}_{\cdot j}+\overline{x})(\overline{x}_{i\cdot}-\overline{x}) &= \sum_{j=1}^{n}[(x_{ij}-\overline{x}_{i\cdot})-(\overline{x}_{\cdot j}-\overline{x})]\sum_{i=1}^{m}(\overline{x}_{i\cdot}-\overline{x}) \\
&= [\sum_{j=1}^{n}(x_{ij}-\overline{x}_{i\cdot})-\sum_{j=1}^{n}(\overline{x}_{\cdot j}-\overline{x})]\sum_{i=1}^{m}(\overline{x}_{i\cdot}-\overline{x}) \\
&= [n(\overline{x}_{i\cdot}-\overline{x}_{i\cdot})-n(\overline{x}-\overline{x})][m(\overline{x}-\overline{x})]=0
\end{aligned}
$$

同理，证明其他两个 2 倍交错积项也都等于 0。得原式为

$$
S=\sum_{j=1}^{n}\sum_{i=1}^{m}(x_{ij}-\overline{x})^2=\sum_{j=1}^{n}\sum_{i=1}^{m}(x_{ij}-\overline{x}_{i\cdot}-\overline{x}_{\cdot j}-\overline{x})^2+n\sum_{i=1}^{m}(\overline{x}_{i\cdot}-\overline{x})^2+m\sum_{j=1}^{n}(\overline{x}_{\cdot j}-\overline{x})^2
$$

随机误差的平方和为

$$S_E=\sum_{j=1}^{n}\sum_{i=1}^{m}(x_{ij}-\overline{x}_{i\cdot}-\overline{x}_{\cdot j}+\overline{x})^2$$

因素A各水平间，即各列间的离差平方和为

$$S_A=m\sum_{j=1}^{n}(\overline{x}_{\cdot j}-\overline{x})^2$$

因素B各水平间，即各行间的离差平方和为

$$S_B=n\sum_{i=1}^{m}(\overline{x}_{i\cdot}-\overline{x})^2+m$$

即

$$S=S_E+S_A+S_B$$

2. 各离差平方和相应的自由度的计算

各离差平方总和相应的自由度如下：

①离差平方总和的自由度 $K=mn-1=N-1$；

②相应于因素 A 的各列间自由度 $K_A=n-1$；

③相应于因素 B 的各行间自由度 $K_B=m-1$；

④误差平方和的自由度则为

$$K_E=K-K_A-K_B=(mn-1)-(n-1)-(m-1)=mn-n-m+1=(n-1)(m-1)$$

3. 方差的计算

将各离差平方和与其相应的自由度相比就可求得列间、行间和误差的方差。即

列间

$$S_A^2=S_A/K_A=m\sum_{j=1}^{n}(\overline{x}_j-\overline{x})^2/(n-1)$$

行间

$$S_B^2=S_B/K_B=n\sum_{i=1}^{m}(\overline{x}_{i\cdot}-\overline{x})^2/(m-1)$$

误差

$$S_E^2=S_E/K_E=\sum_{j=1}^{n}\sum_{i=1}^{m}(x_{ij}-\overline{x}_{j\cdot}-\overline{x}_{\cdot j}+\overline{x})^2/(n-1)(m-1)$$

4. F值的计算和检验

双因素试验的F值计算和F检验与单因素试验相同，只不过就列间和行间分别计算F值和F检验。

对因素A试验的显著性检验，是因素A各水平间即各列间的方差对误差的方差之比，求得因素A的F值，用F_A表示为

$$F_A = S_A^2 / S_E^2$$

S_A^2 与 S_E^2 是相互独立的。F_A 满足 $K_A=n-1$，$K_E=(n-1)\cdot(m-1)$ 的 F 分布。已知 S_A^2 表示因素 A 各水平间平均数的变异，除随机误差外，还可能包含由于因素 A 的影响而产生的误差。S_E^2 表示纯随机误差。二者相比的 F_A 值若接近于 1，就表示 S_A^2 与 S_E^2 并无较大区别，S_A^2 只能认为是由随机误差构成的，而不包含因素 A 的影响所产生的误差。如果 F_A 值远大于 1，超过了显著性水平 α 所对应的临界值 F_α，就有根据地认为 S_A^2 包含了由于因素 A 的影响而产生的误差。

同样道理，对因素 B 试验的显著性检验，是因素 B 各水平间，即各行间的方差对误差的方差之比，求得因素 B 的 F 值，用 F_B 表示为

$$F_B = S_B^2 / S_E^2$$

S_B^2 和 S_E^2 也是相互独立的。F_B 遵循 $K_B=m-1$，$K_E=(m-1)\cdot(n-1)$ 自由度的 F 分布。按此自由度从 F 表上查得对应于给定的显著性水平 α 的临界值 F_α，用 F_B 与 F_α 比较，如果 $F_B < F_\alpha$，就判定 F_B 并不显著大于 1，即 S_B^2 并不特别大于 S_E^2，因素 B 对各行间平均数的变异并无显著影响的假设还不失为真。如果 $F_\alpha < F_B$，就判定 F_B 显著大于 1，即 S_B^2 显著大于 S_E^2。这是由因素 B 对各行间平均数的变异产生影响所致的。

第二节　正交试验设计与方差分析

一、正交试验的表格与步骤设计

正交试验设计是利用“正交表”科学地安排多因素试验的一种方法。正交试验设计所安排的试验代表性极强，因而，不仅试验次数少，而且便于分析推断出最佳试验方案。

（一）正交表的构造

正交表是一种特殊的表格，其中有一类记作 $L_n(p^r)$，这里 L 表示正交表；下标 n 表示正交表的行数，也是试验次数；r 表示正交表的列数，p 表示各因素的水平数。下面以正交表 $L_8(2^7)$ 和正交表 $L_9(3^4)$ 为例，说明正交表的构造特点。

表 6–4 正交表 $L_8(2^7)$

试验号	列号						
	1	2	3	4	5	6	7
1	1	1	1	1	1	1	1
2	1	1	1	2	2	2	2
3	1	2	2	1	1	2	2
4	1	2	2	2	2	1	1
5	2	1	2	1	2	1	2
6	2	1	2	2	1	2	1
7	2	2	1	1	2	2	1
8	2	2	1	2	1	1	2

表 6–5 正交表 $L_9(3^4)$

试验号	列号			
	1	2	3	4
1	1	1	1	1
2	1	2	2	2
3	1	3	3	3
4	2	1	2	3
5	2	2	3	1
6	2	3	1	2
7	3	1	3	2
8	3	2	1	3
9	3	3	2	1

（1）表中任一列，不同数字出现的次数相同，而这些数字代表了因素取的水平，这就是说任何一列所包含的各种水平数相同。例如，表 $L_8(2^7)$ 中不同数字“1”“2”在每一列中出现的次数都是 4，表 $L_9(3^4)$ 中的数字“1”“2”“3”在每一列中出现的次数都是 3 次，这一性质表明了正交表的均衡性。

（2）表中任何两列同一行的两个数字组成的所有可能数对出现的次数都相同。例如，表 $L_8(2^7)$ 的任两列中，同一行的所有可能的数对有（1，1）、（1，2）、（2，1）、（2，2），各出现 2 次。这一性质表明了正交表的正交性。

（二）正交试验的步骤设计

（1）明确试验目的，选定试验指标。

（2）挑选因素和水平。凭借专业知识和实践经验，选择对指标可能有一定影响的因素及各因素比较合理的水平。

（3）选用正交表，做表头设计。首先根据水平的个数选择正交表，并使其列数略多于因素个数。如果不考虑交互作用，可分别把各因素安排在表头的列上，其下面的数字就是该列因素所应取的试验水平。如果要考虑交互作用，必须把因素安排在适当的列上，然后借助与正交表匹配的两列间交互作用表，确定因素的交互作用列，把交互作用作为一个独立因素考虑。

例如，要安排一个 4 因素 2 水平的试验，若不考虑交互作用，可选用表 $L_8(2^7)$，并将 A，B，C，D4 个因素分别置于表 1，2，4，7 列上；若要考虑 $A\times B$，$A\times C$，则将 A，B，C，D 安排在 1，2，4，7 列，并由 $L_8(2^7)$ 两列间交互作用表 6–17 知 $A\times B$ 在第 3 列，$A\times C$ 在第 5 列。正交表中不安排因素的列称为空白列，空白列在方差分析中称为误差列，表头设计时，一般至少都要留出一列空白列。

表 6–6　$L_8(2^7)$ 两列间交互作用表

列号	列号						
	1	2	3	4	5	6	7
	(1)	3	2	5	4	7	6
		(2)	1	6	7	4	5
			(3)	7	6	5	4
				(4)	1	2	3
					(5)	3	2
						(6)	1
							(7)

若要考虑更多的交互作用，如 $A\times D$，$B\times D$，$C\times D$，该表就容纳不下了，这时需要更大的正交表，如 $L_{16}(2^{15})$ 来安排试验。

（4）按正交表的安排方案进行试验，并记录试验结果。正交表中的数字为因素所取的水平。例如，因素 A，B，C，D 分别安排在 $L_8(2^7)$ 表中的 1，2，4，7 列，第二行中相应列的数字为“1，1，2，2”，这表示第 2 号试验是在各因素水平组合为 $A_1B_1C_2D_2$ 的条件下进行的。这样，分别进行完表中各号试验，并记录下每号试验结果。需要注意的是试验的次序应该随机选择而不必按试验号的顺序进行。

二、试验结果的分析方法

为获得最佳试验条件，需对正交试验结果进行统计分析。常用的分析方法为直观分析法和方差分析法。

（一）直观分析法

下面结合例子说明正交试验设计步骤及直观分析法。

例 6–2 用有机溶液提取某中药的有效成分，欲寻找浸出率的影响因素和适宜水平。选取因素及水平如下：

因素 A：溶液浓度，A_1=70%，A_2=80；

因素 B：催化剂的量，B_1=0.1%，B_2=0.2%；

因素 C：溶剂的 pH 值，C_1=6.8，C_2=7.2；

因素 D：温度，D_1=80℃，D_2=90℃。

试做正交试验设计并做结果分析。

解：(1) 明确试验目的，选定试验指标。本例试验目的在于寻找提高浸出率器件，故以浸出率 (%) 为试验指标。

(2) 选定因素和水平。显然，此例考察 4 个因素 A，B，C，D，每个因素 2 个水平。

(3) 选用正交表，做表头设计。因为水平数为 2，因素个数为 4，故选择 $L_8(2^7)$ 表，将 A，B，C，D 分别置于表的 1，2，4，7 列中，如表 6–7 所示。

表 6–7 用 $L_8(2^7)$ 安排试验表

试验号	列号							y_i
	1(A)	2(B)	3	4(C)	5	6	7(D)	
1	1(70%)	1(0.1%)	1	1(6.8)	1	1	1(80℃)	82
2	1	1	1	2(7.2)	2	2	2(90℃)	85
3	1	2(0.2%)	2	1	1	2	2	70
4	1	2	2	2	2	1	1	75
5	2(80%)	1	2	1	2	1	2	74
6	2	1	2	2	1	2	1	79
7	2	2	1	1	2	2	1	80
8	2	2	2	2	1	1	2	87
I_j	312	320		306			316	
II_j	320	312		326			316	
$\overline{\mathrm{I}}_j$	78	80		76.5			79	
$\overline{\mathrm{II}}_j$	80	78		81.5			79	
R_j	2	2		5			0	

（4）按正交表的安排方案进行试验，并记录试验结果。如第 2 号试验按 $A_1B_1C_2D_2$ 条件进行，即取溶剂浓度为 70%，催化剂为 0.1%，溶剂 pH 值为 7.2，温度为 90℃做试验，结果得浸出率 y_2=85%，如此共进行 8 次试验，结果记在表中最后一列。

（5）用直观分析法分析试验结果。表中第 8 号试验的浸出率最高，但该试验条件不一定就是各因素水平的最佳组合。现通过直观分析法来寻求最佳试验条件。

①计算各因素水平的综合平均值及极差。以因素 A 为例，用 I_1 表示包含 A_1 水平的 4 个试验结果之和，用 II_1 表示包含 A_2 水平的 4 个试验结果之和。平均值 $\overline{\mathrm{I}}_i=\mathrm{I}_i/4$ 和 $\overline{\mathrm{II}}_i=\mathrm{II}_i/4$，称为 A_1 和 A_2 水平的综合平均值。它们分别反映出 A_1 和 A_2 水平下的试验效果。本例中

$$\mathrm{I}_1=y_1+y_2+y_3+y_4=82+85+70+75=312$$

$$\mathrm{II}_2=y_5+y_6+y_7+y_8=74+79+80+87=320$$

$$\overline{\mathrm{I}}_1=312/4=78,\quad \overline{\mathrm{II}}_2=320/4=80$$

因素水平中最大的综合平均值与最小的综合平均值之差称为因素的极差，极差的大小反映了因素对指标的影响程度。用 R_j 表示第 j 列因素的极差，如因素 A 的极差 $R_1=\overline{\mathrm{II}}_2-\overline{\mathrm{I}}_1=80-78=2$。

同样可以计算出因素 B，C，D 的各水平综合平均值和极差，结果列于表 6–7。

②比较极差大小排定因素影响顺序。因素的极差越大，说明因素的水平改变对试验结果影响也越大，本例 R_4 最大，故因素 C 对试验结果影响最大，其次是因素 A 和因素 B，最后是因素 D。

③由综合平均值的大小选取各因素的最佳水平组合。综合平均值越大，水平越优，各因素最优水平组合在一起就是最佳试验方案。本例中 $\overline{\mathrm{I}}_1<\overline{\mathrm{II}}_1$，$\overline{\mathrm{I}}_2>\overline{\mathrm{II}}_2$，$\overline{\mathrm{I}}_4<\overline{\mathrm{II}}_4$，$\overline{\mathrm{I}}_7=\overline{\mathrm{II}}_7$，因此 $A_2B_1C_2D_1$ 组成最佳试验方案，即试验时溶剂浓度取 80%，催化剂的量取 0.1%，溶剂 pH 值取 7.2，温度取 80℃（虽然可取 90℃，但耗能多）。

例 6–3（续例 6–2）若需要考虑因素间的交互作用 $A\times B$，$A\times C$，$B\times C$，试做正交试验设计与直观分析。

解：因素安排同例 6–2 一样，交互作用按 $L_8(2^7)$ 的两列间交互作用表，$A\times B$，$A\times C$，$B\times C$ 应分别置于 3，5，6 列；计算综合平均值及极差，如表 6–8 所示。

表 6-8 例 6-3 中考虑有交互作用的试验表

试验号	列号							y_i
	1(*A*)	2(*B*)	3($A\times B$)	4(*C*)	5($A\times C$)	6($B\times C$)	7(*D*)	
1	1(70%)	1(0.1%)	1	1(6.8)	1	1	1( )	82
2	1	1	1	2(7.2)	2	2	2( )	85
3	1	2(0.2%)	2	1	1	2	2	70
4	1	2	2	2	2	1	1	75
5	2(80%)	1	2	1	2	1	2	74
6	2	1	2	2	1	2	1	79
7	2	2	1	1	2	2	1	80
8	2	2	1	2	1	1	2	87
I_j	312	320	334	306	318	318	316	
II_j	320	312	298	326	314	314	316	
$\overline{\text{I}}_j$	78	80	83.5	76.5	79.5	79.5	70	
$\overline{\text{II}}_j$	80	78	74.5	81.5	78.5	78.5	79	
R_j	2	2	9	5	1	1	0	

由表可见，$A\times B$ 是影响试验结果最重要的因素，而 $A\times B$ 的试验结果是因素 A 与因素 B 相互搭配产生的，所以，必须通过两因素各水平搭配下试验的平均结果来决定最佳搭配。

为此，列出二元搭配的均值表如表 6-9 所示：

表 6-9 *A* 和 *B* 的二元表

因素 *A* \ 因素 *B*	B_1	B_2
A_1	$(y_1+y_2)/2=83.5$	$(y_3+y_4)/2=72.5$
A_2	$(y_5+y_6)/2=76.5$	$(y_7+y_8)/2=83.5$

显然，A_1B_1 和 A_2B_2 搭配都优（但 A_1B_1 更省原料）。$A\times C$ 和 $B\times C$ 作用较少，可不考虑，因素 C 选 C_2 水平，所以，考虑交互作用的最佳试验条件组合为 $A_1B_1C_2D_1$。

直观分析法具有计算简单、直观形象、计算量较少等优点，便于普及和推广，是一种较好的分析方法。但它不能区别试验结果的差异是由因素水平的改变所引起的还是由试验的随机波动引起的。为解决这个问题，需要对试验结果做方差分析。

（二）方差分析法

方差分析的思想和步骤仍与前面双因素方差分析法类似，即先将试验结果的总离差平方和分解为各因素（包括交互作用）及误差的离差平方和，然后求出各 F 值，做 F 检验。下面仍结合例 6–3 介绍正交试验设计的方差分析方法，这里只考虑 A，B，C，D 及 $A\times B$ 的影响。

（1）总离差平方和的分解：例 6–2 中有 8 次试验，结果为 y_1，y_2，…，y_8。则总离差平方和为

$$SS_T=\sum_{i=1}^{8}(y_i-\overline{y})^2,\ \overline{y}=\frac{1}{8}\sum_{i=1}^{8}y_i$$

一般地，SS_T 的分解公式为

$$SS_T=SS_1+SS_2+\cdots+SS_r$$

其中 $SS_j(j=1,2,\cdots,r)$ 是正交表 $L_n(p^r)$ 中第 j 列因素的离差平方和。例 6–3 中因素 A，B，C，D 及交互作用 $A\times B$ 列的离差平方和 SS_A，SS_B，SS_C，SS_D 和 $SS_{A\times B}$ 依次为 SS_1，SS_2，SS_4，SS_7 和 SS_3，误差平方和为空白列的离差平方和之和，即 $SS_E=SS_5+SS_6$。

（2）计算各因素离差平方和：类似方差分析中求组间离差平方和公式可推出 SS_j 的计算公式。

对于任何 2 水平的正交表，一般有：

$$SS_j=\frac{\mathrm{I}_j^2+\mathrm{II}_j^2}{m}-\frac{(\sum_{i=1}^{n}y_i)^2}{n}$$

其中 m 表示第 j 列中“1”水平出现次数，n 为试验总数。

按公式计算例 6–3 的离差平方和结果如表 6–10 所示。

表 6–10　例 6–3 中离差平方和计算表

试验号	列号							y_i
	1(A)	2(B)	3($A\times B$)	4(C)	5	6	7(D)	
1	1	1	1	1	1	1	1	82
2	1	1	1	2	2	2	2	85
3	1	2	2	1	1	2	2	70
4	1	2	2	2	2	1	1	75
5	2	1	2	1	2	1	2	74
6	2	1	2	2	1	2	1	79
7	2	2	1	1	2	2	1	80
8	2	2	1	2	1	1	2	87
I_j	312	320	334	306	318	318	316	
II_j	320	312	298	326	314	314	316	
SS_j	8	8	162	50	2	2	0	

这里 $SS_E=SS_5+SS_6=2+2=4$。

(3)计算 F 值，进行 F 检验。一般地，SS_T 的自由度为试验总数减 1，SS_j 自由度为第 j 列因素水平数减 1。例 6–3 中自由度 $df_T=8-1=7$；$df_A=df_B=df_C=df_D=2-1=1$，$df_E=df_5+df_6=2$。则

$$F=\frac{SS_j/df_j}{SS_E/df_E}(j=1,2,4,7,3)$$

做 F 检验便可判断各个因素及相互作用是否有显著影响，结果如表 6–11 所示。

表 6–11　例 6–3 的方差分析表

离差来源	平方和	自由度	均方	F 值	p 值	显著性
因素 A	$SS_A=8$	1	8	4	$p>0.10$	
因素 B	$SS_B=8$	1	8	4	$p>0.10$	
交互作用 $A\times B$	$SS_{A\times B}=162$	1	162	81	$0.01<p<0.05$	
因素 C	$SS_C=50$	1	50	25	$0.01<p<0.05$	*
因素 D	$SS_D=0$	1	0	0	$p>0.10$	*
误差 E	$SS_E=4$	2	2			

(4)选取最佳试验方案：由表 6–11 可知，$A\times B$ 和因素 C 显著，由 A 和 B 的二元表，取 A_1B_1；$\mathrm{I}_4<\mathrm{II}_4$，故取 C_2；D 不显著，可任取。最优试验方案为 $A_1B_1C_2D_1$。

这里要注意两点：第一，两因素交互作用的自由度等于两因素的自由度之积，因此，有时交互作用不止占有一列。如用 $L_{27}(3^{13})$ 表安排试验，因素的自由度都等于 2，交互作用自由度是 4，而每个 3 水平列只提供 2 个自由度，所以，两个因素间交互作用必须占有两个列。表头设计如表 6–12，如按下面表头设计有：

$$SS_{A\times B}=SS_3+SS_4,\ SS_{A\times C}=SS_6+SS_7,\ SS_{B\times C}=SS_8+SS_{11}$$

表 6–12　用正交表 $L_{12}(3^{13})$ 安排试验的表头设计

1	2	3	4	5	6	7	8	9	10	11	12	13
A	B	$A\times B$	$A\times B$	C	$A\times C$	$A\times C$	$B\times C$	D	$B\times C$	E	F	

第二，误差平方和 SS_E 的自由度等于所占空白列的自由度之和，例 6–3 中 $df_E=df_5+df_6=1+1=2$。有统计学家认为，对结果影响不显著的因素的离差平方和可合并到 SS_E 中去，以提高精确度。

有时，试验各个因素所取水平数不全相同，这时必须选用混合正交表进行正交试验，如混合正交表 $L_n(p^r\times q^s)$，这里 n 为试验总数，p，q 为两种不

同的水平数，r，s 为相应水平的列数。混合正交表的试验设计与分析方法与前面类似，现举例说明如下。

例 6-4 为了从小檗根中提取小檗碱，考查了 4 个因素，其水平确定如下：

A：pH 值，A_1=1，A_2=6，A_3=10，A_4=14；

B：盐量（g/ml%），B_1=5，B_2=10，B_3=15，B_4=20；

C：时间，C_1=14 小时，C_2=48 小时；

D：加热，D_1=60.5℃，D_2 加热。

根据经验，还要考察交互作用 $A\times C$。指标是光密度。试做正交试验设计并选出最佳试验方案。

解：根据考察的因素个数及其水平数，本例选用混合正交表 $L_{16}(4^3\times2^6)$ 作表头设计。因为 SS_T 的自由度为 df_T=15，SS_A、SS_B、SS_C、SS_D 的自由度分别为 df_A=4−1=3、df_B=4−1=3、df_C=2−1=1、df_D=2−1=1，交互作用 $SS_{A\times C}$ 的自由度 $df_{A\times C}=df_A\times df_C$=3·1=3，所以 $A\times C$ 必须占有 3 个 2 水平的列。参照两列间交互作用表，将 A，B，C，$A\times C$，D 分别置于第 1，2，4，5、6、7，8 列中，其结果及计算如表 6-13 所示。

表 6-13 $L_{16}(4^3\times2^6)$ 计算表

试验号	列号									y_i
	1（A）	2（B）	3	4（C）	5（$A\times C$）	6（$A\times C$）	7（$A\times C$）	8（D）	9	
1	1	1	1	1	1	1	1	1	1	0.058
2	1	2	2	1	1	2	2	2	2	0.45
3	1	3	3	2	2	1	1	2	2	0.69
4	1	4	4	2	2	2	2	1	1	0.78
5	2	1	2	2	2	1	2	1	2	0.48
6	2	2	1	2	2	2	1	2	1	0.56
7	2	3	4	1	1	1	2	2	1	0.60
8	2	4	3	1	1	2	1	1	2	0.70
9	3	1	3	1	2	2	2	21	1	0.45
10	3	2	4	1	2	1	1	1	2	0.57
11	3	3	1	2	1	2	2	1	2	0.69
12	3	4	2	2	1	1	1	2	1	0.78
13	4	1	4	2	1	2	1	2	2	0.58
14	4	2	3	2	1	1	1	1	1	0.64
15	4	3	2	1	2	2	1	1	1	0.68
16	4	4	1	1	2	1	2	2	2	0.78

续表

试验号	列号									y_i
	1 (A)	2 (B)	3	4 (C)	5 ($A\times C$)	6 ($A\times C$)	7 ($A\times C$)	8 (D)	9	
$\mathrm{I}_j^2/4$ 或 $\mathrm{I}_j^2/8$	0.978	0.615	1.090	2.298	2.529	2.643	2.666	2.643	2.586	
$\mathrm{II}_j^2/4$ 或 $\mathrm{II}_j^2/8$	1.369	1.232	1.428	3.380	3.113	2.989	2.965	2.989	3.051	
$\mathrm{III}_j^2/4$ 或 $\mathrm{III}_j^2/8$	1.550	1.769	1.538							
$\mathrm{IV}_j^2/4$ 或 $\mathrm{IV}_j^2/8$	1.796	2.311	1.600							
$Q_j^2=\frac{\mathrm{I}_j^2}{m}+\frac{\mathrm{II}_j^2}{m}+\frac{\mathrm{III}_j^2}{m}+\frac{\mathrm{IV}_j^2}{m}$	5.693	5.927	5.656	5.678	5.642	5.632	5.631	5.632	5.637	
$SS_j=Q_j^2-\frac{1}{n}\left(\sum_{i=1}^{16}y_i\right)^2$	0.067	0.0301	0.030	0.052	0.016	0.006	0.005	0.006	0.011	

这里 m=4 或 m=8。

从表 6–13 可见，因素 D 和交互作用 $A\times C$ 的平方和都比两个空白列平方和（SS_3+SS_9=0.041）小。所以，将 SS_D 及 $SS_{A\times C}$ 与空白列离差平方和并为 $SS_E=SS_3+SS_9+SS_5+SS_6+SS_7+SS_8$=0.074，这样，方差分析如表 6–14 所示。

表 6–14　方差分析表

离差来源	平方和	自由度	均方	F 值	P 值	显著性
A	$SS_A=SS_1$=0.067	3	0.022	2.444	$P>0.10$	
B	$SS_B=SS_2$=0.301	3	0.100	11.11	$P<0.01$	**
C	$SS_C=SS_4$=0.052	1	0.052	5.778	$0.01<P<0.05$	*
误差 E	SS_E=0.074	8	0.009			

可见，因素及交互作用的主次顺序为 $B\to C\to A\to A\times C\to D$。比较综合平均值得最佳生产条件组合为 $A_4B_4C_2D_2$。

三、多指标正交试验的分析方法

在实际应用中，如果衡量试验结果的指标不止一个，常常有多个指标，称为多指标正交试验。在多指标正交试验中，各指标的最优试验方案之间可能存在一定的矛盾，所以，分析试验结果时需要兼顾各项指标，找出使每个指标都尽可能好的试验方案。下面通过实例介绍多指标正交试验的综合平衡法与综合评分法。

（一）综合平衡法

先对各指标分别按单一指标进行直观分析，然后对各指标的分析结果进行综合比较，得出最佳试验方案。

例 6-5　某药厂为改进长效磺胺精制成品的质量，选取两个指标进行考察：(1)外观，分为 5 个级，最好的记为 5，最次的记为 1；(2)溶液色，测定值越低越好。选取如下因素和水平做试验：

A：溶媒，A_1(自来水)，A_2(洗炭水)；

B：加保险粉方法，B_1(滤前加)，B_2(滤后加)；

C：中和速度，C_1(快)，C_2(慢)；

D：脱色前处理，D_1(过滤)，D_2(不过滤)；

E：滤液升温处理，E_1(加沸 30′)，E_2(不加沸)；

F：脱色 pH，F_1(不调)，F_2(调 pH=9.3)；

G：加炭温度，G_1=40℃，G_2=80℃。

选用 $L_8(2^7)$ 表安排试验，计算数据及结果如表 6-15，试用方差分析确定最佳生产条件。

表 6-14　例 6-4 的试验数据及其计量表

试验号	列号							结果	
	1(A)	2(B)	3(C)	4(D)	5(E)	6(F)	7(G)	溶液色	外观
1	1	1	1	1	1	1	1	2.15	1
2	1	1	1	2	2	2	2	2.30	2
3	1	2	2	1	1	2	2	4.50	3
4	1	2	2	2	2	1	1	1.50	4
5	2	1	2	1	2	1	2	2.00	4
6	2	1	2	2	1	2	1	2.00	3
7	2	2	1	1	2	2	1	1.70	5
8	2	2	1	2	1	1	2	1.70	5

续表

试验号	列号							结果	
	1(*A*)	2(*B*)	3(*C*)	4(*D*)	5(*E*)	6(*F*)	7(*G*)	溶液色	外观
溶液色	I_j	7.45	8.45	7.85	7.35	7.35	7.35	7.35	
	II_j	7.40	6.40	7.00	7.50	7.50	7.50	7.50	
	R_j	0.05	2.05	0.85	0.15	0.15	0.15	0.15	
外观	I_j	10	10	13	13	12	14	13	
	II_j	17	17	14	14	15	13	14	
	R_j	7	7	1	1	3	1	1	

解：由表6–15溶液色来说，极差最大是B，其次是C。故关键因素是B和C，其他是次要因素。最优水平组合是B_2C_2；对外观来说，关键因素为A，B和E，最优水平搭配为$A_2B_2C_2$。综合上述分析，得较优生产条件为$A_2B_2C_2D_2$，其他因素的水平可根据实际情况任选。

（二）综合评分法

综合评分法根据各个指标重要程度，确定相应指标的组合系数或权，然后，对每号试验进行综合评分，评分公式为：

$$试验得分=\sum_i(\omega_i\times 第i个指标)$$

这样，就将多指标分析问题化为了以试验得分为指标的单指标分析问题。

例6–6　在白地霉核酸生产工艺的试验中，为提高核酸的收率，核酸泥纯度和纯核酸回收率，这两个指标越大越好。选如下因素和水平做试验：

A：腌制时间（小时），A_1=24；A_2=4；A_3=0。

B：白地霉核酸含量（%），B_1=7.4，B_2=8.7，B_3=6.2。

C：加热时pH值，C_1=4.8，C_2=6.0，C_3=9.0。

D：加水量，D_1=1 ：4，D_2=1 ：3，D_3=1 ：2。

不考虑交互作用，选用$L_9(3^4)$表安排试验，结果如表6–16所示。

表6–15　例6–5的试验数据与计算表

试验号	列号				结果		综合得分
	1(A)	2(B)	3(C)	4(D)	核酸泥纯度	纯核酸回收率	
1	1	1	1	1	17.8	29.8	59.4
2	1	2	2	2	12.2	41.3	51.2
3	1	3	3	3	6.2	59.9	45.5
4	2	1	2	3	80	24.3	32.2
5	2	2	3	1	4.5	50.6	36.6

续表

试验号	列号				结果		综合得分
	1(A)	2(B)	3(C)	4(D)	核酸泥纯度	纯核酸回收率	
6	2	3	1	2	4.1	58.2	39.4
7	3	1	3	2	8.5	30.9	36.8
8	3	2	1	3	7.3	20.4	36.8
9	3	3	2	1	4.4	73.1	47.6
综合评分	I_j	156.1	128.5	127.3	143.6		
	II_j	108.2	116.3	131.0	127.4		
	III_j	112.9	132.5	118.9	106.2		
	$\overline{\mathrm{I}}_j$	52.0	42.8	42.4	47.9		
	$\overline{\mathrm{II}}_j$	36.1	38.8	43.7	42.5		
	$\overline{\mathrm{III}}_j$	37.6	44.2	39.6	35.4		
	R_j	15.9	5.4	4.1	12.5		

试用方差分析法确定最优生产条件。

解：本例根据专业知识和经验，取核酸泥纯度的权 ω_1 =2.5；纯核酸回收率的权 ω_2 =0.5。按上述计算总分公式得各号试验的综合得分，结果见表 6–16 最后一列。然后，利用综合得分值计算各因素的综合平均值和极差，得各因素对总指标影响的次序是：$A \to D \to B \to C$。各因素水平的较优搭配是 $A_1B_3C_2D_1$。

在实际应用中需要注意的是，上述两种方法并不等价，所得结果不一定相同，究竟采取哪一种方法，要看具体情况而定，有时可两者结合，以便比较和参考，有时也可进一步试验后再作选择。

第三节　方差分析与正交试验设计中的应用实例

一、方差分析应用实例

例 6–7　设甲、乙、丙、丁四个工人操作机器Ⅰ、Ⅱ、Ⅲ各一天，其产品产量如表 6–17 所示，问工人和机器对产品产量是否有显著影响。

表 6-17　工人、机器、产品数据表

机器 B / 工人 A	Ⅰ	Ⅱ	Ⅲ	$T_{i\cdot}=\sum_{j=1}^{b}x_{ij}$	$\bar{x}_{i\cdot}=T_{i\cdot}/b$
甲	50	63	52	165	55.0
乙	47	54	42	143	47.7
丙	47	57	41	145	48.3
丁	53	58	48	159	53.0
$T_{\cdot j}=\sum_{i=1}^{a}x_{ij}$	197	232	183	T=612	
$\bar{x}_{\cdot j}=T_{\cdot j}/a$	49.3	58.0	45.8		$\bar{x}$ =51

根据表 6-17 的基本计算：

$$R=\sum_{i=1}^{a}\sum_{j=1}^{b}x_{ij}^{2}=31\,678$$

$$D_A=[\sum_{i=1}^{a}T_{i\cdot}^{2}]/b=23\,495$$

$$D_B=[\sum_{j=1}^{b}T_{\cdot j}^{2}]/a=42\,040.67$$

$$P=T^2/ab=31\,212$$

$$SS_T=R-p=446,\ df_T=n-1=11$$

$$SS_A=D_A-p=114.67,\ df_A=a-1=3$$

$$SS_B=D_B-p=318.5,\ df_B=b-1=2$$

$$SS_E=SS_T-SS_A-SS_B=32.83,\ df_E=df_Adf_B=6$$

$$MS_A=SS_A/df_A=38.223,\ F_{0.01}(3,\ 6)=9.78$$

$$MS_B=SS_B/df_B=159.25,\ F_{0.05}(3,\ 6)=4.76$$

$$MS_E=SS_E/df_E=5.47,\ F_{0.01}(2,\ 6)=10.92$$

$$F_B=MS_B/MS_E=29.10,\ F_{0.05}(3,\ 6)<F_A<F_{0.01}(3,\ 6)$$

$$F_B>F_{0.01}(2,\ 6)$$

$$SS_T=R-p=446,\ df_T=n-1=11$$

$$SS_A=D_A-p=114.67,\ df_A=a-1=3$$

$$SS_B=D_B-p=318.5,\ df_B=b-1=2$$

$$SS_E=SS_T-SS_A-SS_B=32.83,\ df_E=df_A\,df_B=6$$

$$MS_A=SS_A/df_A=38.223,\ F_{0.001}(3,\ 6)=9.78$$

$$MS_B=SS_B/df_B=159.25,\ F_{0.005}(3,\ 6)=4.76$$

$$MS_E=SS_E/df_E=5.47, \ F_{0.001}(2, 6)=10.92$$

$$F_B=\frac{MS_B}{MS_E}=29.10, \ F_{0.005}<F_A<F_{0.001}(3, 6)$$

$$F_B>F_{0.001}(2, 6)$$

因此，结论为工人对产量有显著影响，机器对产量有着极显著的影响，可以理解为工人和机器对产量都有影响。对木材进行抗压强度试验，选择三种不同比重（A_1：0.34 ~ 0.47g/cm^3；A_2：0.48 ~ 0.52g/cm^3；A_3：0.53 ~ 0.56g/cm^3）的木材及三种不同的加荷速度（B_1：600kg/cm^2·min；B_2：2 400kg/cm^2·min；B_3：4 200kg/cm^2·min），测得木材的抗压强度（kg/cm^2）数据如表 6–18 所示。

表 6–18 木材加荷速度和比重数据

加荷速度	比重		
	A_1	A_2	A_3
B_1	3.72	5.22	5.28
B_2	3.90	5.24	5.74
B_3	4.20	5.08	5.54

下面将检验木材比重及加荷速度对木材的抗压强度是否有显著性的影响（假定木材比重与加荷速度之间不存在交互作用）。因素 A 为木材的比重，因素 B 为加荷速度，试验指标为抗压强度，而又由假定知此题可采用无交互作用的双因素方差分析解决。为简化计算，将原始数据减去 5，得新数据及中间数据如表 6–19 所示。

表 6–19 新数据及中间数据

加荷速度项 \ 比重项	A_1	A_2	A_3	和	和的平方
B_1	−1.28	0.22	0.24	−0.78	0.6084
B_2	−1.10	0.24	0.74	−0.12	0.0144
B_3	−0.8	0.08	0.54	−0.18	0.0324
和	−3.18	0.54	1.56	−1.08	0.6552
平方和	3.4884	0.1124	0.9176	4.5184	
和的平方	10.1124	0.2916	2.4336	12.8376	

根据表 6–19 中的数据来计算：

$$S_T, \ S_A, \ S_B, \ S_E(r=s=3, \ n=9)$$

$$S_T=4.5184-\frac{1.08^2}{9}=4.3888$$

$$S_A=12.8376-\frac{1.08^2}{9}=4.1496$$

$$S_B=0.6552-\frac{1.08^2}{9}=0.0888$$

$$S_E=S_T-S_A-S_B=0.1504$$

列出方差分析表，如表 6–20 所示。

表 6–20　列出方差分析表

方差来源	平方和	自由度	均方差	F 值	表值 F_α=(3，22)
因素	4.1496	2	2.0748	55.181	$F_{0.05}$=6.944 $F_{0.01}$=18.00
因素	0.0888	2	0.0444	1.1809	
误差	0.1504	4	0.0376		
总和	4.3888	8			

由表 6–20 看出，木材的比重对抗压强度具有显著性，而加荷速度对木材的抗压强度没有显著性。

二、正交试验中的 R 语言应用实例

例 6–8　某果汁厂开发了一种新产品——浓缩苹果汁，该产品具有方便饮用、品质高、成本低等特性。现摆在营销经理面前有三种不同的营销策略，分别为便利性、高质量、低价格，但他认为三种方案难以取舍，于是想通过市场来检验这三种营销策略。除了营销策略不同，营销经理采用报纸广告或电视广告来宣传。于是试验按如下方法进行：先选择 6 个人口规模、经济实力、居民收入相近的城市；在城市 1、城市 2 营销策略重点放在便利性，在城市 3、城市 4 营销策略重点放在质量，在城市 5、城市 6 营销策略重点放在价格；在城市 1、城市 3、城市 5 广告采用电视形式，其余 3 个城市广告均采用报纸形式；记录下每个城市 10 周中每周销售数据如表 6–21 所示。

表 6–21　某果汁厂市场调查数据

因子 B / 因子 A	B_1(电视广告)	B_2(报纸广告)
A_1(便利性)	491，712，558，447，479，624，546，444，582，672	464，559，759，557，528，670，534，657，557，474
A_2(质量)	677，627，590，632，683，760，690，548，579，644	689，650，704，652，576，836，628，798，497，841
A_3(价格)	575，614，706，484，787，650，583，536，579，795	803，584，525，498，812，565，708，546，616，587

试问：营销策略和广告形式分别对销售量有无显著影响？两者对销售量有无显著交互作用？

解：对于假设问题 H_0：总体方差都相等；H_1：总体方差不全相等。

经计算，得 Bartlett 检验统计量观测值

$$b=\frac{Q}{h}=0.9297$$

由 Bartlett 检验的 p 值 $=0.3350>0.05$，不拒绝方差齐性，因此认为满足方差齐性，经计算得到方差分析表，如表 6–22 所示。

表 6–22　某果汁厂市场调查数据方差分析表

方差来源	平方和 S	自由度 f	均方和	F 值	p 值
A	100 713	2	5 0356.5	5.3144	0.07818**
B	5 607	1	5 607	0.5917	0.445112
$A\times B$	6 409	2	3 204.5	0.3382	0.714543
E	511 674	54	9 475.4444		
T	624 403	59			

由表 6–22 可知，营销策略对销售量有显著影响，广告形式对销售量无显著影响。

附 R– 语言程序及计算结果如下：

```
>x1y1=c( 491, 712, 558, 447, 479, 624, 546, 444, 582, 672 )
>x2y1=c( 677, 627, 590, 632, 683, 760, 690, 548, 579, 644 )
>x3y1=c( 575, 614, 706, 484, 787, 650, 583, 536, 579, 795 )
>x1y2=c( 464, 559, 759, 557, 528, 670, 534, 657, 557, 474 )
>x2y2=c( 689, 650, 704, 652, 576, 836, 628, 798, 497, 841 )
>x3y2=c( 803, 584, 525, 498, 812, 565, 708, 546, 616, 587 )
>x=c( x1y1, x2y1, x3y1, x1y2, x2y2, x3y2 )
>data<–data.frame( x, al=gl( 3, 20, 60, labels=c( "A1" "A2" "A3" ) ),
bl=gl( 2, 10, 60, labels=c( "B1" "B2" ) ) )
>op<–par( mfrow=c( 1, 2 )
>plot( x ~ bl+al, data=data1 )
>data1.aov<–aov( x ~ bl*al, data=data1 )
>summary( data1.aov )
            Df    Sum Sq    Mean Sq    F value    Pr( > F )
bl           1    5 607     5 607      0.5917     0.445112
al           2    100 713   50 357     5.3144     0.007818**
bl: al       2    6409      3 205      0.3382     0.714543
Residuals   54    511674    9 475
———
Signif.codes: 0 '***' 0001 '**' 0.01 '*' 0.05 '.' 0.1 ' ' 1
```

```
>Bartlett.test( x ~ al, data=data1 )
     Bartlett test of homogeneity of varianes
data: x by bl
Bartlett's K-squared=0.5196, df=2, p-value=0.7712
>Bartlett.test( x ~ bl, data=data1 )
     Bartlett test of homogeneity of variances
     data: x by bl
     bartlett's K-squared=0.9297, df=1, p-value=0.3350
```

由 Bartlett 检验，可认为满足方差齐性。营销策略对销售量有显著影响，广告形式对销售量无显著影响，交互作用对销售量无显著影响。

例 6–9 表 6–23 中的数据为 1992 年春、秋的大气 TSP 质量浓度值；表 6–24 中的数据为 1990~1992 年度 SO_2 年均质量浓度值。

表 6–23 测点间不同季节大气 TSP 质量浓度

测点	B_1(春)	B_2(秋)
A_1(工业区)	0476, 0.638, 0.349, 0.338, 0.422	1.647, 0.875, 0.695, 0.840, 0.704
A_2(交通稠密区)	0.450, 0.449, 0.366, 0.594, 0.250	0.806, 0.867, 1.074, 1.220, 0.901

表 6–24 测点间不同年度 SO_2 年均质量浓度

测点	1990 年	1991 年	1992 年
1(工业区)	0.095	0.076	0.078
2(居民区)	0.086	0.045	0.040
3(商业区)	0.146	0.178	0.138

根据以往统计数据可知大气 TSP 质量浓度值和 SO_2 年均质量浓度值服从正态分布，正方差具有齐次性。试问：(1) 测点与季节对大气 TSP 质量浓度有无交互作用？(2) 三个测点间 SO_2 年均质量浓度是否相同？不同年度 SO_2 年均质量浓度是否相同？

解：(1) 根据表 6–23 的数据算出方差分析表 (表 6–25)。

表 6–25 根据表 6–23 的数据算出的方差分析表

方差来源	平方和 S	自由度 f	均方和	F 值	p 值
A	0	1	0	4.5×10^{-5}	0.99472
B	1.403	1	1.403	25.87	0.00011***
$A\times B$	0.002	1	0.002	0.045	0.83464
E	0.868	16	0.054		
T	2.273	19	1.459		

从表 6-23 可知不拒绝“测点与季节对大气 TSP 质量浓度无交互作用”这一假设。

（2）根据表 6-24 的数据算出方差分析表（表 6-26）。

表 6-26 根据表 6-24 的数据算出的方差分析表

方差来源	平方和 S	自由度 f	均方和	F 值	p 值
A	0.01513	2	0.0075630	19.70	0.0085**
B	0.00085	2	0.0004263	1.11	0.4134
E	0.00154	4	0.0003838		
T	0.01752	8	0.0083731		

从表 6-26 可知三个测点间 SO_2 年均质量浓度不相同；但不拒绝“不同年度 SO_2 年均质量浓度相同”这一假设。

附 R- 语言程序及计算结果如下：

```
>x<-c(0.476, 0.638, 0.349, 0.338, 0.422, 0.450, 0.449, 0.366, 0.594, 0.250, 1.647, 0.875, 0.695, 0.840, 0.704, 0.806, 0.867, 1074, 1.220, 0.901)
>A<gl(2, 10, 20)
>B<gl(2, 5, 20)
>vf1<-data frame(x, A, B)
>vf1.resok<-avo(x ~ A+B+A: data=vf1)
>summary(vf1.resol)
```

	Df	Sum Sq	Mean Sq	F value Pr	Pr(＞F)
A	1	0.000	0.000	4.5e-05	0.99472
B	1	1.403	1.403	25.87	0.00011***
A：B	1	0.002	0.002	0.05	0.83464
Residuals	16	0.868	0.054		

———

Signif.codes：0 ‘***’ 0.001 ‘**’ 0.01 ‘*’ 0.05 ‘.’ 0.1 ‘ ’ 1

由程序运行数据可见在 alpha=0.05 不拒绝测点与季节对大气 TSP 浓度无交互作用。

```
>y<c(0.095, 0.076, 0.078, 0.086, 0.045, 0.040, 0.146, 0.178, 0.138)
>A1<gl(3, 3)
>B1<gl(3, 1, 9)
>vf2<-data.frame(y, A1, B1)
>vf2.resol3<-avo(x ~ A1+B1: data=vf2)
Summary(vf2.resol3)
```

	Df	Sum Sq	Mean Sq	F value	Pr(> F)
A1	2	0.01513	0.00756	19.70	0.0085**
B	2	0.00085	0.00043	1.11	0.4134
Residuals	4	0.00154	0.00038		

———

Signif.codes：0 ‘***’ 0.001 ‘**’ 0.01 ‘*’ 0.05 ‘.’ 0.1 ‘’ 1

第七章　回归分析

回归分析是处理多个变量之间相关关系的一种常用的数理统计方法。客观事物之间总是相互联系、相互制约的，客观世界中变量之间的关系一般可分为确定性关系和非确定性关系。所谓变量之间的确定性关系，就是一个(或一组)自变量的数值按照一定的规则能够确定因变量的数值，即函数关系。例如，孩子的身高与父母的身高有关，一般来说，父母的身材较高，孩子的身材也较高，但却不能完全由父母的身高值来确定孩子的身高值。又如，人的血压与年龄、农作物产量与施肥量、金属表面腐蚀深度与腐蚀时间、消费者对某种商品的需求量与该商品价格等关系都具有一个共同特点：它们之间具有某种联系与依赖关系，但又不是确定的函数关系。当然，在大量重复试验(或观察)中，这类关系又会呈现出统计规律性。变量之间的这类具有统计规律性的非确定关系，称为相关关系(或称统计相关)。相关关系是多种多样的，回归分析就是研究相关关系的一种常用的数理统计方法。它从统计数据出发，提供建立变量之间相关关系的近似数学表达式经验公式的方法，给出相关性检验规则，并运用经验公式达到预测与控制的目的。

第一节　一元及多元线性回归分析

一、一元线性回归分析

回归分析是研究变量间相关关系的一门学科，它通过对客观事物中变量的大量观察或试验获得的数据，去寻找隐藏在数据背后的相关关系，给出它们的表达形式回归函数的估计。需要指出，回归分析与相关分析虽然都是处理多个变量之间相关关系的数理统计方法，但是回归分析处理的相关关系中的自变量是可以测量和控制的非随机变量(简称可控变量)，与之相关的因变量是随机变量；而相关分析所研究的相关关系中的自变量和与之相关的因变量都是随机变量(或称不可控变量)。

设随机变量 Y 与变量 x 有相关关系，称 x 为自变量(预报变量)，Y 为因变量(响应变量)，它们之间的相关关系可用下式表示

$$Y = f(x) + \varepsilon$$

其中 ε 是随机误差，一般假设 $\varepsilon \sim N(0,\ \sigma^2)$。由于 ε 的随机性，导致 Y 是随机变量。

(一)一元线性回归模型

在回归分析中，一元线性回归模型是描述两个变量之间线性相关关系最简单的回归模型，故又称为简单线性回归模型(simply linear regression model)，该模型假定因变量 Y 只受一个自变量 x 的影响。进行回归分析首先是回归函数形式的选择，现考察图 7–1 的散点图：

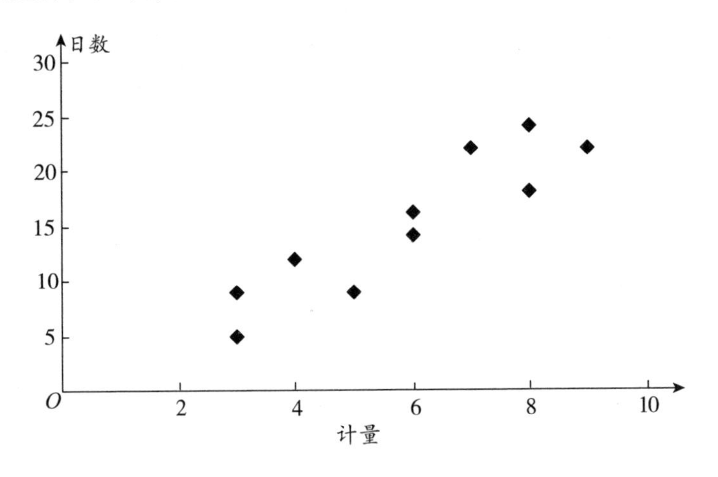

图 7–1 散点图

从散点图上能够看出 10 个样本点基本在一条直线的附近，这说明两个变量之间有线性相关关系，若记 Y 方向上的误差为 ε，这个相关关系可以表示为:

$$Y = a + bx + \varepsilon$$

上式是 Y 关于 x 的一元线性回归的数据结构式。

这里，因变量 Y 分解为两部分：一部分是由 x 的变化所确定的 Y 的线性部分，用 x 的线性函数 $a+bx$ 表示；另一部分则是由其他随机因素引起的影响部分，被看作随机误差，用 ε 表示。随机误差 ε 是随机变量，一般假设为 $\varepsilon \sim N(0,\ \sigma^2)$。

由于 a，b 均未知，需要我们从收集到的样本数据 $(x_i,\ y_i)$，$i=1,\ 2,\ \cdots,\ n$ 出发进行估计。在收集数据时，我们一般要求观察数据是独立的，即假定 $y_1,\ y_2,\ \cdots,\ y_n$ 相互独立。然后建立一元线性回归的统计模型：

$$\begin{cases} y_i = a + bx_i + \varepsilon_i, \ i = 1, 2, \cdots, n \\ \text{各}\varepsilon_i\text{独立同分布，其分布为}N(0, \sigma^2) \end{cases}$$

由数据(x_i，y_i)，i=1，2，…，n，可以获得 a，b 的估计值 $\hat{a}$，$\hat{b}$。

$$\hat{y} = \hat{a} + \hat{b}x$$

上式称为 Y 关于 x 的经验公式或线性回归方程(linear regression equation)，其中 $\hat{a}$，$\hat{b}$ 称为线性回归系数(sample coefficient regression)。给定 $x=x_0$ 后，称 $\hat{y}_0 = \hat{a} + \hat{b}x_0$ 为回归值(在不同场合也称其为拟合值、预测值)。

(二)回归系数的最小二乘估计

用简单线性模型估计 Y 与 x 的关系时，假定对 x，Y 进行了 n 次观测，得到 n 对观测值(x_1，y_1)，(x_2，y_2)，…，(x_n，y_n)。

下面构造函数 $Q(a, b) = \sum_{i=1}^{n}(y_i - \hat{y}_i)^2 = \sum_{i=1}^{n}[y_i - (a + bx_i)]^2$，从几何意义上讲，$Q(a, b)$ 表示各实测点与回归直线上的对应点差的平方和。Q 越小，实测点与回归直线越近，相关性越强，所以 $\hat{a}$，$\hat{b}$ 应该满足：

$$Q(\hat{a}, \hat{b}) = \min Q(a, b)$$

称这样得到的 $\hat{a}$，$\hat{b}$ 为 a，b 的最小二乘估计(Least Squares Estimate)，记为 LSE，这种方法称为最小二乘法。

由于 $Q(a, b)$ 中只有 a，b 是未知的，即为 a，b 的二元函数。为使 $Q(a, b)$ 达到最小值，由二元函数求极值的方法，应有

$$\begin{cases} \dfrac{\partial Q}{\partial a} = 2\sum_{i=1}^{n}(y_i - a - bx_i) = 0 \\ \dfrac{\partial Q}{\partial a} = 2\sum_{i=1}^{n}(y_i - a - bx_i)x_i = 0 \end{cases}$$

整理得方程组

$$\begin{cases} na + nb\bar{x} = n\bar{y} \\ na\bar{x} + b\sum_{i=1}^{n}x_i^2 = \sum_{i=1}^{n}x_i y_i \end{cases}$$

解上述方程组，得 a，b 的估计值 $\hat{a}$，$\hat{b}$：

$$\begin{cases} \hat{b} = \dfrac{\sum_{i=1}^{n}x_i y_i - n\bar{x}\cdot\bar{y}}{\sum_{i=1}^{n}x_i^2 - n\bar{x}^2} \\ \hat{a} = \bar{y} - \hat{b}\bar{x} \end{cases}$$

其中

$$l_{xy}=\sum_{i=1}^{n}(x_i-\overline{x})(y_i-\overline{y})=\sum_{i=1}^{n}x_iy_i-n\overline{x}\,\overline{y}$$

$$l_{xx}=\sum_{i=1}^{n}(x_i-\overline{x})^2=\sum_{i=1}^{n}x_i^2-n\overline{x}^2$$

由此得线性回归方程

$$\hat{y}=\hat{a}+\hat{b}x$$

于是可得样本回归系数 $\hat{b}$ 与样本相关系数 r 的关系式

$$r=\hat{b}\frac{\sqrt{S_x}}{\sqrt{S_y}}$$

其中 S_x、S_y 分别为 x, y 的样本标准差，均非负，故 $\hat{b}$ 与 r 的符号是相同的。

（三）回归方程的显著性检验

从任一组样本值（x_1，y_1），（x_2，y_2），…，（x_n，y_n）出发，不管 Y 与 x 之间的关系如何，总可以由最小二乘法求出其线性回归方程。然而，这并不表明 Y 与 x 之间确实存在着线性关系。因此，在建立线性回归方程后，还应根据观测值判断 Y 与 x 之间是否确有线性相关关系，即需检验线性回归方程是否有显著性，因而提出假设

$$H_0:\ b=0$$

如果原假设 H_0 成立，则回归方程不显著，Y 与 x 无线性关系；如果原假设 H_0 不成立，则回归方程显著，Y 与 x 有线性关系。

上述检验常用的检验法有两种。

（1）利用相关系数的显著性检验法（r 检验法），来检验变量 x 与 Y 的线性相关的显著性，这也就检验了 Y 对 x 的线性回归方程的显著性。

（2）利用基于总离差平方和分解式的 F 检验法，这种方法易于推广到多元线性回归的更一般情形，是回归方程显著性检验的主要方法。

下面就介绍用于回归方程显著性检验的 F 检验法和 r 检验法。

1.F 检验法

下面首先给出参数及一些统计量的性质，这些性质是回归方程显著性检验和预测控制理论的基础。

① $\hat{b}\sim N(b,\ \frac{\sigma^2}{l_{xx}})$，$\hat{a}\sim N(a,\ \sigma^2(\frac{1}{n}+\frac{\overline{x}^2}{l_{xx}}))$

② σ^2 的无偏估计 $S^2=\frac{S_{剩}}{n-2}$

③$\frac{S_{剩}}{\sigma^2} \sim x^2(n-2)$，且 $S_{剩}$与 $\hat{b}$ 相互独立。

④在 b=0 的条件下，有 $\frac{S_{回}}{\sigma^2} \sim x^2$（1），从而

$$F = \frac{S_{回}/1}{S_{回}/(n-2)} \sim F(1,\ n-2)$$

由上述性质可知，回归显著性检验时可以选用 $F = \frac{S_{回}/1}{S_{回}/(n-2)}$ 作为检验统计量。

F 值就是 x 的线性影响部分和随机因素的影响部分的相对比值。如果 F 值大，表明 x 对 Y 的作用是显著的，回归方程就是显著的，这种检验法称为 F 检验法。

用 F 检验法检验回归方程显著性的主要步骤为：

①建立原假设 H_0：b=0(回归方程无显著性)；

②首先计算 l_{xx}，l_{xy}，l_{yy}，再计算 $S_{回}$，$S_{剩}$的值：

$$S_{回} = \hat{b}^2 l_{xx} = \hat{b} l_{xy} = \frac{l_{xy}^2}{l_{xx}},\ S_{回} = l_{yy} - S_{剩}$$

③计算检验统计量的 F 值：

$$F = \frac{S_{回}/1}{S_{剩}/(n-2)} = \frac{(n-2)\hat{b} l_{xy}}{l_{yy} - \hat{b} l_{xy}}$$

④对给定显著水平 α，查附表 5，得单侧临界值 F_α（1，n–2）；

⑤统计判断：若 F 值≥ F_α（1，n–2）时，则 $p < \alpha$，拒绝 H_0，认为回归方程有显著性；若 F 值< F_α（1，n–2）时，则 $p > \alpha$，接受 H_0，认为回归方程无显著性。

2.r 检验法

由相关系数 r 与回归系数 $\hat{b}$ 的关系式及公式可推得相关系数 r 与 F 统计量之间有下列关系：

$$F = \frac{S_{回}/1}{S_{剩}/(n-2)} = \frac{(n-2)\hat{b} l_{xy}}{l_{yy} - \hat{b} l_{xy}} = \frac{(n-2)r^2}{1-r^2}$$

由此推得 $F \geqslant F_\alpha$（1，n–2）等价于

$$|r| \geqslant \sqrt{\frac{1}{1+(n-2)/F_a(1,n-2)}} = r_{\frac{a}{2}}(n-2)$$

即相关系数检验表是根据上式编制的。也就是说，对于一元线性回归方

程的显著性检验的 F 检验法，与 r 检验法的相关性检验本质上是一致的。

利用 r 检验法进行回归方程显著性检验的主要步骤为：

①建立原假设 H_0：b=0(回归方程无显著性)；

②计算样本相关系数 r 的值；

③对给定的显著水平 α，自由度为 n–2，由相关系数检验表得临界值 $r_{\alpha/2}(n-2)$；

④统计判断：当 $|r|>r_{\alpha/2}$，拒绝 H_0，即认为回归方程有显著性；

当 $|r|>r_{\alpha/2}$，接受 H_0，即认为回归方程无显著性。

需要说明的是 r 检验法仅适合一元线性回归方程的显著性检验，F 检验法使用更为广泛，易于推广到多元线性回归的更一般情形。

(四) 离差平方和的分解

由于 $\hat{y}=\hat{a}+\hat{b}x$ 只反映了 x 对 Y 的影响，所以回归值 $\hat{y}_i=\hat{a}+\hat{b}x$，就是 y_i 中只受 x_i 影响的那一部分，而 $y_i-\hat{y}_i$ 则是除去 x_i 的影响后，受其他各种因素影响的部分，因此将 $y_i-\hat{y}_i$ 称为残差(residual)，而观测值 y_i 可以分解为两部分：

$$y_i=\hat{y}_i+(y_i-\hat{y}_i)$$

则

$$y_i-\overline{y}=(\hat{y}_i-\overline{y})+(y_i-\hat{y}_i)$$

对因变量的观测值 y_1，y_2，…，y_n，考察其差异的总离差平方和(总变差)

$$l_{yy}=\sum_{i=1}^{n}(y_i-\overline{y})^2$$

它可分解为两部分

$$\begin{aligned} l_{yy} &= \sum_{i=1}^{n}(y_i-\overline{y})^2=\sum_{i=1}^{n}(y_i-\hat{y}_i+\hat{y}_i-\overline{y})^2 \\ &= \sum_{i=1}^{n}(y_i-\hat{y})^2+2\sum_{i=1}^{n}(y_i-\hat{y}_i)(\hat{y}_i-\overline{y})+\sum_{i=1}^{n}(\hat{y}_i-\overline{y})^2 \\ &= \sum_{i=1}^{n}(y_i-\hat{y})^2+\sum_{i=1}^{n}(\hat{y}_i-\overline{y})^2 \end{aligned}$$

由于

$$\hat{y}_i=\hat{a}+\hat{b}x_i,\quad \hat{a}=\overline{y}-\hat{b}\overline{x}_i,\quad \hat{b}=\frac{l_{xy}}{l_{yy}}$$

所以

$$\sum_{i=1}^{n}(y_i-\hat{y}_i)(\hat{y}_i-\overline{y})=\sum_{i=1}^{n}(y_i-\hat{a}+\hat{b}x_i)(\hat{a}+\hat{b}x_i-\overline{y})$$

$$=\sum_{i-1}^{n}[(y_i-\overline{y})-\hat{b}(x_i-\overline{x})]\hat{b}(x_i-\overline{x})$$

$$=\hat{b}\sum_{i=1}^{n}(y_i-\overline{y})(x_i-\overline{x})-\hat{b}^2\sum_{i=1}^{n}(x_i-\overline{x})^2$$

$$=\hat{b}l_{xy}-\hat{b}^2l_{xy}=0$$

记

$$S_{回}=\sum_{i=1}^{n}(\hat{y}_i-\overline{y})^2,\quad S_{剩}=\sum_{i=1}^{n}(y_i-\hat{y}_i)^2$$

将 $S_{回}$称为回归平方和 (Sum of squares of regression)，$S_{剩}$称为剩余 (残差) 平方和 (Sum of squares residual)。

于是得离差平方和分解公式为

$$l_{yy}=S_{回}+S_{剩}$$

下面分析 $S_{回}$和 $S_{剩}$的意义 (见图 7–2)：

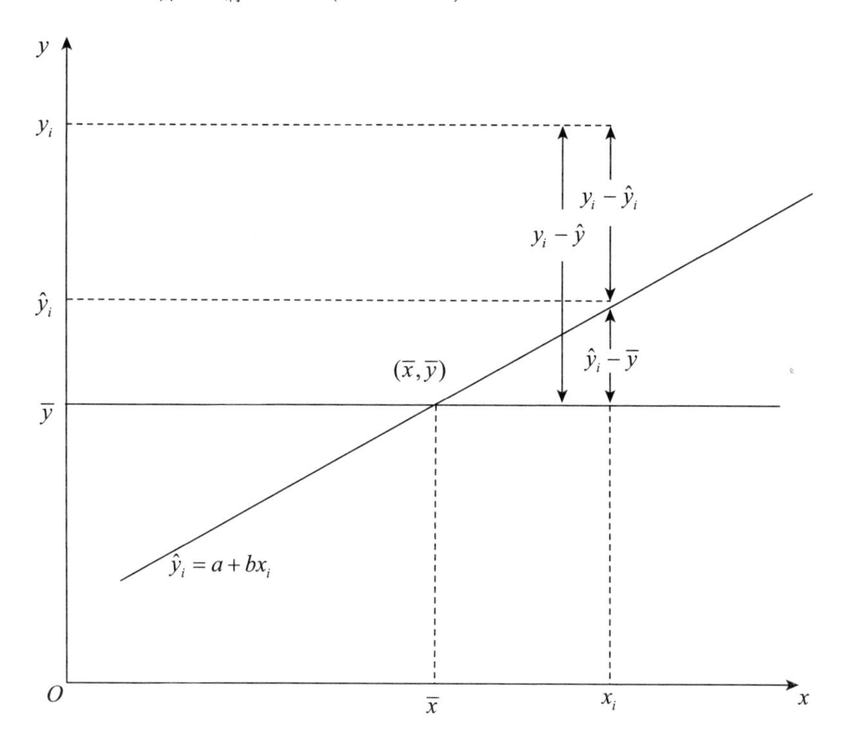

图 7–2　$y-\overline{y}$ 分解示意图

$\hat{y}_i$是回归直线$\hat{y}=\hat{a}+\hat{b}x$上横坐标为 x_i 点对应的 y 值，因为

$$\frac{1}{n}\sum_{i=1}^{n}\hat{y}_i=\frac{1}{n}\sum_{i=1}^{n}(\hat{a}+\hat{b}x_i)=\hat{a}\frac{\hat{b}}{n}\sum_{i=1}^{n}x_i=\hat{a}+\hat{b}\overline{x}=\overline{y}$$

所以$\hat{y}_1$，$\hat{y}_2$，…，$\hat{y}_n$的平均值也是$\overline{y}$，因此$S_回$就是$\hat{y}_1$，$\hat{y}_2$，…，$\hat{y}_n$这n个数偏离其均值$\overline{y}$的离差平方和，其描述了$\hat{y}_1$，$\hat{y}_2$，…，$\hat{y}_n$的分散程度。又因为

$$S_回=\sum_{i=1}^{n}(\hat{y}_i-\overline{y})^2=\sum_{i=1}^{n}(\hat{a}+\hat{b}x_i-\overline{y})^2=\sum_{i=1}^{n}[\overline{y}-\hat{b}(x_i-\overline{x})-\overline{y}]^2$$
$$=\hat{b}^2\sum_{i=1}^{n}(x_i-\overline{x})^2=\hat{b}^2 l_{xx}$$

上式说明$\hat{y}_1$，$\hat{y}_2$，…，$\hat{y}_n$的分散程度由x_1，x_2，…，x_n的分散程度所决定，故$S_回$反映了x对Y的线性影响。

$S_剩$是剩余（残差）平方和，反映了Y的数据差异中扣除x对Y的线性影响后，其他因素（包括x对Y的非线性影响、随机误差等）对Y的影响。对于给定观测值$\hat{y}_1$，$\hat{y}_2$，…，$\hat{y}_n$，其总变差l_{yy}是一个定值。若$S_回$越大，$S_剩$就越小，x对Y的线性影响就越大；反之$S_回$越小，$S_剩$就越大，x对Y的线性影响就越小。所以$S_回$与$S_剩$的相对比值就反映了x对Y的线性影响程度的高低。

在计算l_{yy}、$S_剩$和$S_回$时，常用下列公式：

$$l_{yy}=(n-1)S_y^2$$

$$l_{xx}=(n-1)S_x^2$$

$$S_回=\sum_{i=1}^{n}(\hat{y}_i-\overline{y})^2=\hat{b}^2 l_{xx}=\hat{b}l_{xy}=\frac{l_{xy}^2}{l_{xx}}$$

$$S_剩=l_{yy}-S_回$$

其中S_y^2为y_1，y_2，…，y_n的样本方差，S_x^2为x_1，x_2，…，x_n的样本方差，可借助计算器计算。

（五）相关分析的注意事项

（1）相关关系并非因果关系。绝不可因为两事物间的相关系数有统计意义，就认为两者之间存在着因果关系。例如，在一些国家中，香烟消费量和人口期望寿命近年来一直在增长，如果用这两组资料计算相关系数，会得出正相关关系，但这是毫无意义的。因此要证明两事物间确实存在着因果关系，必须凭借专业知识加以阐明。

（2）在回归分析中，无论自变量是随机变量还是确定性的量，因变量都是随机变量，且应服从正态分布。回归方程的适用范围是有限的。使用回归方程计算估计值时，一般不可把估计的范围扩大到建立方程时的自变量的取

值范围之外。

(3) 相关系数的计算只适用于两个变量都服从正态分布的资料，表示两个变量之间的相互关系是双向的；而在回归分析中，因变量是随机变量，自变量可以是随机变量也可以是给定的量。回归分析反映的是两个变量之间的单向关系。

(4) 如果对同一资料进行相关分析与回归分析，得到的相关系数 r 与回归方程中的回归系数 $\hat{b}$ 的符号是相同的。r^2(决定系数) 与回归平方和 U 的关系为 $r^2=\dfrac{S_{回}}{l_{yy}}$，$r^2$ 恰好是回归平方和在总离差平方和中所占的比重。相关系数 r 的绝对值越大，回归效果越好，即相关与回归可以互相解释。

(六) 用回归方程进行预测和控制

当回归方程通过显著性检验，表明该回归方程有显著性时，可以进一步利用回归方程进行预测和控制。

所谓预测 (forecast) 就是对于给定的 x_0，求出其相应的 y_0 的点预测值，或 y_0 的预测区间即置信区间。控制 (control) 是预测的反问题，即指定 y 的一个取值区间 (y_1, y_2)，求 x 的值应控制在什么范围内。

1. 预测

当 $x=x_0$ 时，y_0 的点预测值 $\hat{y}_0$ (point forecast value) 即为 $x=x_0$ 处的回归值：

$$\hat{y}_0=\hat{a}+\hat{b}x_0$$

由于因变量 Y 与 x 的关系不确定，用回归值 $\hat{y}_0$ 作为 y_0 的预测值虽然具体，但难以体现其估计精度即误差程度。方差的大小代表着误差程度的高低，对回归方程进行方差估计，就是估计 $\hat{y}_0$ 作为 y_0 的预测值的误差程度。σ^2 的无偏估计

$$S^2=\frac{S_{剩}}{n-2}$$

并称

$$S=\sqrt{\frac{S_{剩}}{n-2}}$$

为回归方程的剩余标准差 (residual standard deviation)。因此，S 的大小反映了用 $\hat{y}_0=\hat{a}+\hat{b}x_0$ 去预测 $\hat{y}_0$ 时产生的平均误差。S 的值越大，预测值与实际值的偏差就越大，其估计精度就越低；S 的值越小，预测值与实际值的偏差就越小，其估计精度就越高。

在实际预测中，应用更多的是配以一定估计精度 (置信度) 的预测区间，

称 y_0 的置信度为 1- α 的置信区间 (forecast interval) 为预测区间，即

$$(\hat{y}_0-\delta(x_0),\hat{y}_0+\delta(x_0))$$

其中

$$\delta(x_0)=t_{\frac{\alpha}{2}}(n-2)S\sqrt{1+\frac{1}{n}+\frac{(x_0-\overline{x})^2}{l_{xx}}}$$

由此可知，预测区间与 α，n，x_0 有关，α 越小，$t_{\alpha/2}(n-2)$ 就越大，$\delta(x_0)$ 也越大；n 越大，则 $\delta(x_0)$ 越小。对于给定样本预测值及置信度来说，$\delta(x_0)$ 依 x_0 而变，当 x 越靠近 $\overline{x}$，$\delta(x_0)$ 就越小，预测就越精密；反之，当 x 远离 $\overline{x}$ 时，$\delta(x_0)$ 就变大，预测效果就变差 (见图 7–3)。

当 x 离 $\overline{x}$ 不远，n 又较大时，根号内的值近似地等于 1，此时预测区间近似地为

$$(\hat{y}-\delta,\hat{y}+\delta)=(\hat{y}-t_{\frac{\alpha}{2}}(n-2)S,\hat{y}+t_{\frac{\alpha}{2}}(n-2)S)$$

图 7–3 的曲线 y_1，y_2 变为直线 (如图 7–3 中虚线所示)。

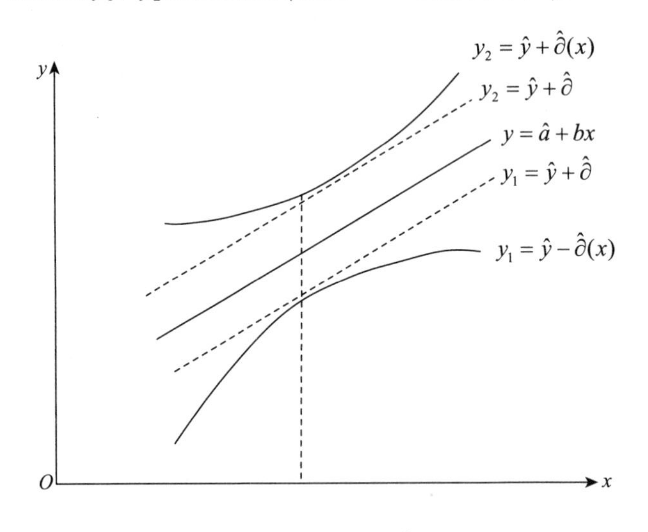

图 7–3 预测区间示意图

2. 控制

控制是预测的反问题，即要研究观察值 y 在给定的区间 (y_1, y_2) 内取值时，x 应控制在什么范围内，也就是求 x_1，x_2。当 $x_1<x<x_2$ 时以 (1- α) 的置信度使相应的观察值 y 落入区间 (y_1，y_2) 之内。

为此，解方程组

$$\begin{cases}y_1=\hat{a}+\hat{b}x_1-\delta(x_1)\\ y_2=\hat{a}+\hat{b}x_2-\delta(x_2)\end{cases}$$

但上面的解方程组相当复杂，当 n 较大时通常用下面的方程组代替：

$$\begin{cases} y_1 = \hat{a} + \hat{b}x_1 - t_{\frac{\alpha}{2}}S \\ y_2 = \hat{a} + \hat{b}x_2 - t_{\frac{\alpha}{2}}S \end{cases}$$

当然，要实现控制，必须使 $y_2 - y_1 > 2t_{\frac{\alpha}{2}}S$ 才行。应当注意的是，当 $\hat{b} < 0$ 时，上面两个方程组中的 x_1 和 x_2 的位置应互换。

二、多元线性回归分析

前面讨论的都是一元线性回归问题，在很多实际应用中，影响因变量 Y 的因素通常不止一个。例如，某原料药的收率高低常受多种因素的影响，某种疾病的发病率的高低也与很多因素有关。因此，需要研究一个因变量与多个自变量间的关系，这就是多元回归问题。多元线性回归 (multiple linear regression) 就是研究一个因变量与多个自变量间线性依存关系的统计方法，其原理与一元线性回归的方法基本相同，只是多元线性回归的方法要复杂些，计算量也大得多，一般都需用计算机进行处理。

（一）多元线性回归方程的建立

设 Y 为因变量 (又称响应变量)，x_1，x_2，…，x_m 为 m 个自变量 (又称因素变量)，并且自变量与因变量之间存在线性关系，则 Y 和 x_1，x_2，…，x_m 之间的多元线性回归模型为

$$Y = \beta_0 + \beta_1 x_1 + \cdots + \beta_m x_m + \varepsilon,\ \ \varepsilon \sim N(0,\ \delta^2)$$

其中 β_0 为回归常数项，β_1，β_2，…，β_m 为偏回归系数 (partial regression coefficient)，均为未知常数。

与一元线性回归情形类似，称

$$\hat{y} = b_0 + b_1 x_1 + \cdots + b_m x_m$$

为 Y 对 x_1，x_2，…，x_m 的多元线性回归方程 (multiple linear regression equation)。其中 b_0，b_1，b_2，…，b_m 是未知参数 β_1，β_2，…，β_m 的经验估计值，可由 $(x_1, x_2, \cdots, x_m, Y)$ 的样本观测值利用最小二乘法求得。其中 b_i(i=1, 2, …, m) 反映了当其他变量取值不变时，x_i 每增加一个单位对因变量 Y 的效应的估计值。

利用最小二乘法求解多元线性回归方程的主要步骤为：

令 x_{ik} 表示因素 x_i 在第 k 次试验时取的值 (i=1，2，…，m)，y_k 表示响应值 Y 在第 k 次试验的结果，则可得 $(x_1,\ x_2,\ \cdots,\ x_m,\ y)$ 的样本观测值为

$(x_{1k}, x_{2k}, \cdots, x_{mk}, y_k)(k=1, 2, \cdots, n; n > m+1)$

（二）多元线性回归方程的显著性检验

与一元线性回归类似，Y 与 x_1，x_2 的线性关系是否显著，仍可用相关系数法进行检验。

在一元线性回归中，相关系数为

$$r=\sqrt{\frac{S_{xy}^2}{S_{xx}S_{yy}}}=\sqrt{\frac{S_{xy}^2}{S_{xx}}\cdot\frac{1}{S_{yy}}}=\sqrt{\frac{U}{S_{yy}}}$$

在二元线性回归中，同样令

$$R=\sqrt{\frac{U}{S_{yy}}}=\sqrt{\frac{\sum_{i=1}^{n}(\hat{y}_i-\bar{y})^2}{\sum_{i=1}^{n}(y_i-\bar{y})^2}}$$

通常 R 称为样本复相关系数，简称相关系数，显然 $0 \leqslant R < 1$。

对显著性水平 α，查自由度为 $n-3$ 的相关系数显著性检验表，找出其临界值 R_α，当 $|R| > R_\alpha$ 时，则认为回归平面方程显著；当 $|R| \leqslant R_\alpha$ 时，则认为回归平面方程不显著。

第二节　回归分析中的应用实例

一、回归分析在都市报调查中的应用

为了调查大都市报开创周末版本的可行性，抽取统计了 34 种报纸在工作日和周末日发行量（见表 7–1）。（1）找出周末日发行量 η 与工作日日发行量 x 的关系，据以往的经验 $\eta=a+bx+\varepsilon$，且 $\varepsilon \sim N(0, \sigma^2)$；（2）求 a 与 b 的 0.95 的置信区间；（3）根据这组数据说明是否有必要开创周末版。

表 7–1　报纸日发行（单位：千份）

报纸种类	非周末日发行量	周末日发行量	报纸种类	非周末日发行量	周末日发行量
1	391.952	488.506	7	198.832	348.744
2	516.981	798.298	8	252.624	417.779
3	355.628	235.084	9	206.204	344.522
4	238.555	299.451	10	231.177	323.084
5	537.780	559.093	11	449.755	620.752
6	733.775	1133.249	12	288.571	423.305

续表

报纸种类	非周末日发行量	周末日发行量	报纸种类	非周末日发行量	周末日发行量
13	185.736	202.614	24	220.465	557.000
14	1164.388	1531.527	25	337.672	440.923
15	444.581	553.479	26	197.120	268.060
16	412.871	685.975	27	133.239	262.048
17	272.280	324.241	28	374.009	432.502
18	781.796	983.240	29	273.844	338.355
19	1209.225	1762.015	30	570.364	704.322
20	825.512	960.308	31	391.286	585.681
21	223.748	284.611	32	201.860	267.781
22	354.843	407.760	33	321.626	408.343
23	515.523	982.663	34	838.902	1165.567

解：a，b 的最小二乘估计分别为

$$\hat{b}=\frac{l_{xy}}{l_{yy}}=1.33971,\ \hat{a}=\hat{y}-\hat{b}\overline{x}=13.83563$$

η 对 x 的回归方程为 $\hat{y}$ =13.83563+1.33971x。

由于检验统计量

$$F=\frac{S_R}{S_E/(n-2)}=\frac{\hat{b}^2 l_{xy}}{(l_{xy}-\hat{b}^2 l_{xy})/32}=358.5$$

故拒绝假设 H_0：b=0，线性回归方程显著。

(2)a 的 95% 置信区间为

$$\left[\hat{a}-t_{0.975}(32)\hat{\sigma}\sqrt{\frac{1}{34}+\frac{\overline{x}^2}{l_{xx}}},\ \hat{a}+t_{0.975}(32)\hat{\sigma}\sqrt{\frac{1}{34}+\frac{\overline{x}^2}{l_{xx}}}\right]=[-59.094743,\ 56.766003]$$

b 的 95% 置信区间为

$$\left[\hat{b}-\frac{t_{0.975}(32)\hat{\sigma}}{\sqrt{l_{xx}}},\ \hat{b}+\frac{t_{0.975}(32)\hat{\sigma}}{\sqrt{l_{xx}}}\right]=[1.195594,\ 1.483836]$$

(3)由运行结果可见，回归方程显著，因此周末日发行量与工作日日发行量呈线性关系，又 b 的 95% 置信区间下限大于 1，且 $\hat{a}$ =13.83563，由回归方程 $\hat{y}$ =13.83563+1.33971x 预测出周末日发行量明显高于工作日日发行量，可以考虑开办周末版。

二、回归分析在人均消费、收入调查中的应用

我国 1988—1998 年的城镇居民人均全年耐用消费品支出、人均全年可支

配收入以及耐用消费品价格指数的统计资料如表 7–2 所示。

表 7–2 城镇居民人均消费、收入数据及耐用消费品价格指数统计表

年份	人均耐用消费品支出（Y 元）	人均全年可支配收入 x_1（元）	耐用消费品价格指数 x_2（元）
1988	137.16	1181.4	115.96
1989	124.56	1375.7	133.35
1990	107.91	1501.2	128.21
1991	102.96	1700.6	124.85
1992	125.24	2026.6	122.49
1993	162.54	2577.4	129.86
1994	217.43	3496.2	139.52
1995	253.42	4283.0	140.44
1996	251.07	4838.9	139.12
1997	285.85	5160.3	133.35
1998	327.26	5425.1	126.39

试建立人均耐用消费品支出 Y 关于人均全年可支配收入 x_1 和耐用消费品价格指数 x_2 的回归模型，并进行统计分析。

解：（1）首先使用全部变量得到线性回归方程

$$\hat{y}=158.532381+0.049402x_1-0.911517x_2$$

对于假设问题 H_{01}：$b_1=b_2=0$；H_{11}：b_1，b_2；不全为 0，采用检验统计量

$$F=\frac{S_R/2}{S_E/8}=72.92$$

p 值 $=7.312\times10^{-6}<0.05$，故拒绝假设 H_{01}，线性回归方程显著。

对于假设问题 H_{02}：$b_1=0$，H_{12}：$b_1\neq0$，采用检验统计量

$$t_1=\frac{\hat{b}_1}{\sqrt{c_{11}}\hat{\sigma}}=10.549$$

p 值 $=5.69\times10^{-6}<0.05$，故拒绝假设 H_{02}，即 x_1 对 Y 影响显著。

对于假设问题 H_{03}：$b_2=0$，H_{13}：$b_2\neq0$，采用检验统计量

$$t_2=\frac{\hat{b}_2}{\sqrt{c_{22}}\hat{\sigma}}=-0.921$$

p 值 $=0.384>0.05$，故接受假设 H_{03}，即 x_2 对 Y 影响不显著。

（2）只用 x_1 回归变量得到的线性回归方程为

$$\hat{y}=47.009738+0.04702x_1$$

$y=0.047020x_1+47.009738$，p 值为 6.956×10^{-7}，通过回归显著性检验。

对于假设问题 H_{04}：$b_1=0$，H_{14}：$b_1\neq0$，采用检验统计量

$$t = \frac{\hat{b}_1\sqrt{l_{xx}}}{\hat{\sigma}} = 12.144$$

p 值 $=6.96 \times 10^{-7} < 0.05$，故拒绝假设 H_{01}，线性回归方程显著。

三、回归分析在预测稞麦产量中的应用

为了依据年降雨量 x_1 和气温 x_2 预测稞麦产量 η，收集到的数据如表 7–3 所示。

表 7–3　稞麦产量与气候数据记录

观测次数	稞麦产量（英亩）	年降雨量（英寸）	气温（℉）
1	21.0	45.0	54.1
2	20.0	47.0	61.6
3	21.0	33.0	50.8
4	24.0	39.0	50.8
5	20.0	30.0	52.1
6	12.5	28.0	50.2
7	19.0	41.0	57.1
8	23.0	44.0	57.6
9	23.0	31.0	50.1
10	19.0	29.0	38.0
11	21.0	34.0	56.2
12	12.0	27.0	51.5
13	21.0	42.0	54.1
14	27.0	35.0	46.7
15	17.5	43.0	60.8
16	26.0	39.0	56.9
17	11.0	31.0	60.3
18	24.0	42.0	54.6
19	26.0	43.0	53.5
20	18.5	47.0	64.0
21	15.5	25.0	45.7
22	16.5	50.0	61.5
23	18.0	45.0	59.7
24	20.5	34.0	53.2
25	22.0	29.0	45.1

注意：1 英亩 ≈4046.856 平方米，1 英寸 =25.4 毫米，1 ℉ $= \frac{5}{9}$ ℃。

假设据以往的经验，η 关于 x_1，x_2 满足关系 $\eta=b_0+b_1x_1+b_2x_2+\varepsilon$，且 $\varepsilon\sim N(0,\ \sigma^2)$。

(1) 求出 η 关于 x_1，x_2 的二元线性回归方程。

(2) 对回归方程做显著性检验。

(3) 对每一系数做显著性检验。

解:(1) 令

$$X=\begin{pmatrix}1 & 45.1 & 54.1\\ 1 & 47.0 & 61.6\\ \vdots & \vdots & \vdots\\ 1 & 29.0 & 45.1\end{pmatrix},Y=\begin{pmatrix}21.0\\ 20.0\\ \vdots\\ 22.0\end{pmatrix}$$

则

$$\hat{b}=\begin{pmatrix}\hat{b}_0\\ \hat{b}_1\\ \hat{b}_2\end{pmatrix}=(X'X)^{-1}X'Y=\begin{pmatrix}30.6909\\ 0.4955\\ -0.5427\end{pmatrix}$$

则 η 关于 x_1，x_2 的二元线性回归方程为

$$\hat{y}=30.6909+0.4955x_1-0.5427x_2$$

(2) 对于假设问题 H_0：$b_1=b_2=0$；H_1：b_1、b_2 不全为 0，采用检验统计量

$$F=\frac{S_R/2}{S_E/22}=6.668$$

p 值 $=0.005447<0.05$，故拒绝假设 H_0，线性回归方程显著。

(3) 对于假设问题 H_{01}：$b_1=0$，H_{11}：$b_1\neq 0$，采用检验统计量

$$t_1=\frac{\hat{b}_2}{\sqrt{c_{22}}\hat{\sigma}}=-3.196$$

p 值 $=0.001859<0.05$，故拒绝假设 H_{01}，即 x_1 对 Y 影响显著。

对于假设问题 H_{02}：$b_2=0$，H_{12}：$b_2\neq 0$，采用检验统计量

$$T_2=\frac{\hat{b}_2}{\sqrt{c_{22}}\hat{\sigma}}=-3.196$$

p 值 $=0.004176<0.05$，故拒绝假设 H_{02}，即对 x_2 对 Y 影响显著。

第八章　应用数理统计分析人口

应用数理统计分析人口，是对人口状况、人口现象、人口结构、人口发展及其变动规律，进行定性与定量分析与探索的有用工具。应用数理统计分析人口简略地概述了人口统计资料的收集、分类、整理、评估、调整、确认，以及处理方法；详尽地论述了以所确认的人口统计资料（人口统计资料是人口统计工作的成果）分析、研究、推断或间接估计所求结果的方法，其中尤需关注的是，那些理论上有创新、定量指标体系已提出、相关数理模型已确立的系统计量方法与分析法及其更能反映客观实际的新结论。

第一节　数理统计分析人口概述

一、应用数理统计分析人口的概念

应用数理统计分析人口，是以数理统计方法分析相关问题，探索其变动规律，在不断提高认识与再认识的基础上，妥善解决新问题的不可或缺的手段。所谓人口数理模型，只是把人口自身变动现象经数理统计抽象后的一种动态系统计量方法。

应用数理统计分析人口，对人口信息工作者熟悉业务，对检验、处理、传递、开发、利用、建模、预测与交流人口信息，对促进人口研究与决策研究，开展决策咨询与应用咨询服务，都是必备的专业知识。高质量的人口信息，是涉及面广、信息量大的综合性、历史性、时效性、未来性与提炼性研究，通常是深化人口研究的一个重要前提。人口研究是探求人口及其相关问题内在规律的研究，是决策咨询与决策研究的重要依据之一，而应用数理统计分析人口对做好人口信息、人口研究与相关决策研究，不仅是一门极其有用的工具，而且也是人口中最活跃的分支及推动人口发展的一种动力。

应用数理统计分析人口，对搞好人口分析、社会保障分析、劳动力供给分析、各种人身与社会保险分析以及科学管理计划生育工作和制订人口发展规划，都是应具备的一门专业知识。应用数理统计分析人口中运用概率论方法，既是为了便于从认识人口现象的偶然性中发现必然性，从不确定性中发现确定性，也是为了能从认识人口内在变动规律中，透过现象认识其本质。概率论在应用数理统计分析人口中的应用，虽然已成为必不可少的内容，但是它却不是应用数理统计分析人口的理论基础。数理统计分析人口的目的，是分析人口及其变动的成因、作用、结果及本质，剖析其变动的内在规律，然而，这都必须根基于辩证唯物论、历史唯物论、经典的中国优秀文化、科技教育水平与社会生产力水平。

应用数理统计分析人口，以所研究的人口状况、现象为对象，以已经确认后的资料及相关因素为依据，在实地调查取得一定感性认识之后，通过适宜数理统计方法进行逐层解析与系统综合分析，然后，从人口状况、现象的变动趋势中来探因求质，认识可循规律，并将之上升为理性认识来表述。

应用数理统计分析人口涉及的方法论，以分析研究目的之不同而不同，所以，选择的相应统计指标与采用的数理方法也各异。只要在基本功扎实，又对实践有深刻了解的基础上，才会捕捉到未知领域的新问题作为研究课题。这种与传统思维定式格格不入的矛盾性新问题，意味着研究工作创新中的挑战与机遇，因此，往往在历尽艰辛之后，随着理性思维的深入和相关概念的融合而对未知产生顿悟，取得突破性进展，并在基础理论上有所创新，进而通过提出新指标体系与数理模拟，构建新基础理论的相应数学模型，与此同时，相应的人口统计资料也须做适宜的分组调整。众所周知，分析研究手段通常有观察经验与数理统计分析之分，但无论采用哪一种，都是对所占有资料进行的程度不同的定性与定量相结合分析，以揭示所研究人口现象的状况、特征及变动规律，并据此做出相关结论来指导工作。

人口数理统计分析的成果，是对大量不同人口统计资料反映出的相关人口现象进行比较、评估、整合以及深入研究分析所做出的理性概括，其反映的是相关人口现象量化水平的特征，说明的是此人口现象在一定条件下的变动规律及趋势，因此，它是一个从量中看质，从质中看量，揭示问题，认识问题，提出相应对策建议的应用性成果。然而，在理论创新中的数理统计分析方法与结论，则无疑是一种创新性成果。

在应用数理统计分析人口中，对相关人口现象、人口状况间的量化关系进行分析，首先要做的是，各种相关定量分析是否存在着定性关系，只有确定了定性的关系，其后的定量分析才有意义，然而，现实生活中，定性不准确的相关结论却比比皆是。此问题在不少领域都或多或少的存在，诸如，以中医药学与现代西医药学基础理论相比为例，仅在有关营养与保健方面的不同认识问题就较为常见，可以肯定地说，中医学具有独特的优势，西医学要完全搞明白，那是要在不知何时的未来。定性关系确定后的定量分析，在一定条件下既是对定性确立所做的检验，也是对最终结果可靠性提供的一种可信依据。具体地说，应用数理统计分析人口，是一门阐明以反映人口自身变动独有特征的统计指标及指标体系，来分析人口及人口现象的规模增减变动的速度、幅度与趋势，来分析人口的年龄性别结构更新或转化是否趋向于合理与稳定的大势，来分析导致的其间比例关系、依存关系是否合理尚存的问题现状及后果，以及来分析以生命周期长度来准确把握一定生育水平下的年龄结构变动与变动趋势是利还是弊，以正确认识一定时间、地点条件下，因指标局限性而映现出的利弊颠倒等问题的方法论。

应用数理统计分析人口，十分强调人口及其人口现象的变化，绝不能脱离特定的历史、文化背景，国际社会环境，国情与民情，相关人口状况、人口政策与经济社会发展水平，以及气候、资源利用和自然生态环境等条件。人口现象与经济社会等其他现象一样，在一定条件下，其量与质之间都普遍存在着密切相关、相互依存的关系。在人口问题上，若无一定的人口政策影响，一定人口的质，时常是一定相对量的反映，而一定人口的量又时常是一定相对质的映现。

应用数理统计分析人口，分析人口现象变动，实质是从影响其变动的质方面入手，对其量相应变化关系的分析，否则，就不是人口数理统计分析，而是数学或系统的数学运算。

任何一个人口统计指标的量值，都是以一定的测度单位，定量表征其状况或其现象的标示。它既可以是对所研究人口状况的量化标示，也可以是对那些最代表所研究对象其人口现象变动的量化标示。

人口具有两重属性，一是它的自然生物属性，二是它的社会属性。两种属性虽贯穿于人口发展过程的始终，但其自然生物属性不仅是其社会属性的前提，而且还寓于其社会属性之中。可见，应用数理统计分析人口的基点及归宿，显然是后者而不是前者。

所谓人口，在质性方面，主要指其社会属性；在量性方面，指一定时点、地域内全部有生命的个体人总和。人口既是一个受时空限定的总量，也是一个颇具时空照相特征的总量，也可以说是，一定时空规范内个体数量及其质量总体的代称。研究与分析人口问题，务必不要把人口看成简单的人的数量之和，人口是一切经济社会生活的主体，是某时点聚居在一定地域内，从事物质资料生产和人口再生产，构成生产力要素和体现生产关系，以及非从事物质生产和受抚养的个体总和。可见，人口是“一个具有许多规定和关系的丰富的总体”。

应用数理统计分析人口，也可以称之是一门运用数理统计方法，将定性与定量分析相结合的丰富内容贯穿始终，探讨人口状况及其人口现象内在变动规律与发展的定量描述与分析的科学。它比较注重的是，人口的周期更替变动及其结构更替变动过程。

人口是一个不断变化着的整体，其出生、死亡、迁入与迁出的变动，使一国或一地区的人口在一定时间内或增或减，而作为个体的人尽管都会在不同的时间陆续死亡，但作为整体的人口，却因其出生量不断补充其死亡量，其迁入量补充其迁出量，而人口总是长存的；即使人口的出生量小于死亡量，其迁出量大于迁入量，但人口受经济社会发展需求的影响与制约，终将要人为地或自觉地做出调节而绝不会消亡，即人口仍将长存。

在人口的增加量大于减少量时，人口则增长，反之，则降低。人口的平衡关系，就是由其出生、死亡、迁入与迁出所决定的。若不考虑迁移因素，那么，决定人口平衡的就是出生与死亡。

在应用数理统计分析人口研究人口现象时，既绝不能离开特定文化下，人们对所处社会人口现状的切身感受，也绝不能离开一定科技水平下，社会生产力发展水平与社会化程度，生产、生活方式，以及经济社会发展水平与气候、资源利用、生态环境的关系。如果离开这些特定条件，只是抽象地分析其数量变化，那将是把数量变化的实质抽象掉，或说是一种人口数学游戏，当然，也就不可能正确地认识人口与人口现象变动的成因与结果，以及由此产生的种种问题。

若是不将中国人口置于其文化及一定的历史、社会与生产力条件，以及气候（气候对人的影响中国自古就有相关论述，而人对气候的影响，乃至人类社会经济活动对气候的影响则存在很大不确定性）、资源利用、生态环境保护等可持续发展中，来认识不同历史时期不同发展阶段的变动趋势，就难以制定出科学的人口规划与发展战略，也难以深刻认识人口问题是一个事关全局发展的重大战略问题，更难以从实质上认识到，解决中国人口问题是一项长期战略任务，必须实施统筹解决的办法。因此，应用数理统计分析人口的方法，一定要建立在坚实的基础理论之上，把定性与定量分析有机地结合起来，才能牢牢地把握人口数理统计分析的正确方向，得出令人置信的结论。

应用数理统计分析人口，主要以数学为语言，以量的形式来反映其质的内容。应用数理统计分析人口历来重视定量分析，但定量问题也有正确定量与错误定量之分。这就如同采用先进的计算机技术一样，绝不等于采用了计算机技术，结果就一定正确。判断定量的正与误、优与劣，因而也就成了应用数理统计分析人口的一项重要内容。

应用数理统计分析人口，既是研究与生产、生活息息相关的人口发展问题以及与资源利用、生态环境、气候等相关的经济社会，是否可持续发展问题的方法论，也是研究其间的发展是否相协调或趋向相协调问题的有力工具；同时，也是从人口分布中研究计划经济体制下导致的大城市规模发展畸形及与中小城市发展的错位问题，以及人力等资源的配置不合理问题。它对于制订、分析、研究、改善相关经济社会发展战略与人口政策，对于分析研究相关经济社会与人口发展的政策与规划实施效果，对于研究与人口相关的经济社会发展各种问题，对于评估城镇人口合理布局、合理人口规模、人口和计划生育工作实效，以及总结经验、发现问题、探求解决办法与指导工作等，都是一个极其有用的工具。应用数理统计分析人口中的一些方法及原理，还可拓展到其他学科，从某种意义上来说，应用数理统计分析人口是一门逻辑关系强、应用领域广的学科。

应用数理统计分析人口以它独特的统计指标和概念，给人以直观、丰富、确切、可信度高的感觉。应用数理统计分析人口包括的内容主要是：

①收集人口统计资料的方法；

②整理、分类、评估、调整与确认人口统计资料；

③稳定人口理论的数理描述构建创新理论的数理模型；

④人口统计资料分析与图标方法；

⑤数理统计分析人口方法的应用局限、改善与创新；

⑥直接与间接地推断统计结果与分析；

⑦写分析研究报告与对策建议。

二、人口统计资料

人口统计资料，是数理统计分析人口工作的依据和基础，有的可直接应用，有的则需经过一定处理后，以间接方式应用。毫不夸张地说，它是其他与之相关数据的基础，若是没有人口统计资料作相关数据的分母，许多相关数据就很难分析并将之说清楚，如人均耕地、人均粮食占有量、人均居住面积、人均收入、人均消费水平、人均国民生产总值、成年人受教育程度，以及人均生产效率等。

所谓人口统计资料，是在特定的时间、空间内，根据研究的目的与统计的要求，依据研究对象个体特征及相关特征来设计问卷，并以此进行数据的统计处理，而获取的相关总体方面的资料。

所谓个体是对有生命的个人而言的，生命在优秀的中国文化中有使命之内涵，凡是具有某一共同特征的若干个体总和，则称之某特征群体。人口从某种意义上说，也是一个泛指其各种群体总和的概念。人口与个体是完全不同的两个概念。人口是一定社会范畴内，特定时间地域内所有个体的总和，而个体只不过是人口中的一员。依地理空间限定范围（或国界、行政区界）划分的人口群体，有世界人口、中国人口、印度人口、美国人口、日本人口……依时间划分，则有远古人口、古代入口、近代入口、现代入口和未来人口；依性别划分则有男性人口、女性人口；依年龄划分，则有分年龄人口和某一年龄区间人口，如零岁人口、1岁人口等，以及少儿人口、成年人口和老年人口；依教育程度划分，则有不同受教育程度人口，依教育程度划分的学校与在读学生人口，则有在校小学生人口、在校中学生人口、在校大学生人口等；对总人口的分类，还有依人口类型或居住形态分，如年老型人口、成年型人口和年轻型人口，以及城市人口和农村人口；依民族划分则有各民族人口。划分的类别还有很多，所列举的只不过是一些例子而已。人口按时间空间与自然属性特征划分，只是人口规模与分类范畴的界定。

人口就像川流不息的江河，每时每刻都在动态变化，要说明一个人口的规模，除了要限定它的空间范围外，还必须限定它的时间，诸如：1964 年 7 月 1 日零时，中国人口总数为 723070269 人，此间北京市人口为 7568495 人，四川省人口为 67956490 人。这些数字均由人口普查登记资料获取，符合人口统计资料定义，所以都是人口统计资料。

人口统计资料的收集方法，一般分为两种，也可以说人口统计资料有两种来源：一种是直接收集法，另一种是间接收集法。人口统计资料的直接收集法，也称原始人口统计资料收集法。

人口统计资料收集的两种途径：

（1）直接人口统计资料收集法：①全面调查——经常性户籍管理的各项变动登记，以及人口普查；②非全面调查——实地（Field）抽样调查、实地典型调查、实地重点调查、实地重点访谈调查、实地专题调查以及持续一定时间的“追踪”调查或在网络上调查等。

（2）间接人口统计资料收集法：通常也称现成人口统计资料收集法，即第二手人口统计资料的收集。人口统计资料的原始收集，必须遵循以下三个原则：

①人口统计资料必须适宜所研究人口问题的需要，以及必须适宜国民经济各部门制订发展规划、制订相关政策的需要；

②尽力采用最经济的方法及时收集所需人口统计资料；

③要把握住适当时机及场合，以利于调查的实施。

人口统计资料的间接收集，即第二手人口统计资料的收集，主要从政府部门或国际机构编印的相关人口方面统计资料、书刊及调查报告中收集，诸如，联合国出版的人口年鉴、世界银行出版的年度报告、各国的统计年鉴、人口普查公报与普查资料、汇编的各种抽样调查汇总材料、学术团体出版的杂志、论文等。

利用现成资料概括起来有四条优点：

①省时、省力、省钱；

②可以很快获取与研究问题有关的人口统计资料；

③可以知道其他现成人口统计数据的来源；

④可以给所研究问题若干启示。

在做某一项人口问题研究时，第二手材料有时不能完全满足所研究的问题，常要做一些原始资料的补充收集。

使用现成人口统计资料，一定要注意下列五个方面：

①统计资料的来源；

②数据的计量单位，所涉及的时间及地域范围；

③资料收集的方法；

④当初收集此项资料的目的；

⑤评估与判断数据的可靠程度。

三、人口统计资料的特点

人口信息包括与人口相关的图书、杂志、声像、图片、磁带、光盘、网络资料及统计资料等载体，可见，人口统计资料只是人口信息内容的一种。

人口统计资料有三大特点，也可称是人口统计资料的共性。

(1)数字性——人口统计资料是在一定时间、空间(地域)范畴，以人的个体若干共同特征或某一特征划分，然后，以计数方法把他们统计起来，所以，人口统计资料是数字性资料，凡非数字性资料均不能称为人口统计资料。

(2)群体性——应用数理统计分析人口的对象是人口规模、人口结构、人口构成与地域分布，足见，绝不是对个体的研究与分析。因此，表征个体特征的数字资料也不能称为人口统计资料。

(3)客观性——人口统计资料由实地调查、登记或可适用于网络调查的内容而来，它是客观实际的反映，所以，任何主观估计、臆断的相关人口数字，也不能称为人口统计资料。

任何人口统计资料都须注明时间、地域、特征名称及计量单位，缺一不可。

人口统计资料，在没有人为干预的社会环境下，或在没有大面积的自然灾害、无法控制的疾病流行与战争等意外条件下，反映人口状况及其变动的人口资料，一般来说，相对比较稳定，或说变动起伏不大。

人口事件、人口现象的各种频次分布，因其定义明确而易准确计量，又因其计量简单、量值变动又相对稳定而可靠性大。诸如个体指个人，通常一个妇女（不计例外情况）基本是一次出生一个孩子，一个人的死亡只能有一次之类等。足见，最基础的人口统计资料，其计量单位与概念都十分清晰，既能明确用数字表示又不易混淆概念而发生误统，而在以人的生物属性特征为标志登记人口统计资料时，一般从直观上就可以区分人的性别及大致的年龄。

最基础的人口统计资料调查与收集，常以户为单位，其问题主要反映为死亡登记易漏报，年龄登记不准确。这样的问题在中国，通常集中反映在人口稀少的少数民族地区，以及交通、通信不便的地广人稀或游牧民及迁移频繁的地区。然而，随着这类地区经济社会的发展及交通、通信设施的改善，此问题也将根本转变。

最基础的人口统计资料，是从调查的户中获取的相关人口统计资料，即对各户中的成员逐一分别登记调查，诸如居住地、出生地、出生时间、性别、受教育程度、婚姻状况、迁入与迁出地、迁入与迁出时间、与户主关系，若有死亡则登记其性别及时间等，同时也是对户的成员所做的迁移与流动状况的登记调查资料。这些资料在中国可从户籍登记管理部门获取，户籍登记在有的国家称为人口登记，登记的主要内容为确切时间的出生、死亡、婴儿死亡、胎儿死亡、结婚、离婚、分居、认领收养、更正、移出、移入等，每一项也可以称为一个生命事件。登记每一事件都要对当事人的姓名、性别、居住地址、受教育程度以及事件发生时间、地点等加以登记。对出生、胎儿死亡、认领收养这些项目，则登记当事人父母的特征。上述事件除移出、移入登记外，也称民事登记。然而，最主要的民事登记事件指出生、死亡、婴儿死亡、胎儿死亡、结婚与离婚这 6 个项目，人口统计上把这 6 个项目的统计，称为生命统计。

人口统计资料还包括各种分析推断人口发展趋势及结构变动等资料，以及有关计划生育或家庭计划中的人工流产与节育状况，相关的知识、态度、实践调查资料与生育意愿调查资料等。此外，人口统计资料还包括相关年龄、性别的劳动力失业、就业与职业、受教育程度，相关经济社会发展及其社会分层，以及相关气候、资源、生态环境等资料。

人口统计资料的收集，务必要与相关的法律、政策及相关重要会议文献资料等一并进行。

随着计算机与光电技术的发展，人口统计资料的直接收集，尤其是最基础的人口统计资料的调查与收集，相当大的一部分必将被以身份证为代表的相关个人证件取代，然后，对人们需要而相关个人证件又未涉及的内容做补充调查，这将是未来人口统计资料直接收集的趋势。

四、应用数理统计分析人口问题

人口统计在不同国家不同历史时期，有其不同的任务和用处。各个国家和地区无一不关注自己的人口状况，也无一不对自己人口的发展实施一定的干预性管理，这是因为人口的发展关系着经济社会发展与资源利用、生态环境的协调，尤其关系着一个国家或地区的可持续发展。随着经济社会的发展，人口统计资料的用处也愈加广泛。人口政策与经济政策和其他社会政策等一样，都是最基本的国家政策，一旦人口的发展成为相关问题的突出矛盾，人口政策的国家干预程度就必定凸显出来。

在我国，任何经济政策与社会公共政策的制定，都必须要从我国超十亿的人口、耕地少、底子薄、传统文化影响深厚、人口分布与人口构成分布相对落后，大多数人又生活在农村这一现实出发。控制人口规模、制定适宜的人口规划与相应的人口政策，都必须以满足人们日益增长的物质文化生活需求和经济社会的可持续发展为出发点，并充分考虑具体的民情与国情。

应用数理统计分析人口，一方面可为以人口预测作为重要参考的人口发展规划与人口政策的制订，提供可靠参数选择所需的信息；另一方面又可以通过应用人口统计资料计量相应指标，来检查人口政策及人口规划的实施情况，并为经济社会与安全、环保等各部门提供相关的人口信息。在社会政治领域，还可以根据准确的人口数，或阶层、职业等特征的人口数，来确定各级或各类型的代表会议的名额分配。因此，人口统计必须严格遵循我国《统计法》的规定，以确保统计任务的完成。

应用数理统计分析人口问题，指的是在定性的基础上，用一定数理统计分析方法来进行人口分析。

应用数理统计分析人口问题，是人口分析与研究中的一个十分重要环节。它所需的统计资料，除人口统计资料之外，还要有相关背景的统计资料。这种相关背景的统计资料，说明的是人口统计资料所反映的人口变动状况，是一定相关政策与经济社会发展历程等因素共同影响的结果。背景资料包括人口所处的文化背景、经济发展背景、社会发展背景、城乡背景、职业背景、民族人口变动与社会阶层变动背景、历史背景、自然地理与资源利用和生态环境背景等情况。当然，背景资料细分还可分为主体资料与非主体资料、整体资料与个案资料、历史资料与现时资料、完整资料与不完整资料。

应用数理统计分析人口问题，就是一个结合相应背景，对这些资料进行剖析、归纳与估计、推断的方法及过程。

应用数理统计分析人口问题，主要是通过综合分析、平均分析、对比分析、结构分析、模式分析、因素分析、平衡分析、动态分析、相关分析、相对指标与绝对指标结合分析、抽样推断分析、人口预测分析、模型分析、年龄结构分析、直接估计分析、间接估计分析，来做相关的人口分析、评估与对策研究。

做好应用数理统计分析人口问题，一定要紧密结合我国的具体民情、国情，并充分认识到我国的人口数量在近期及未来相当长一个时期内，都将是持续增长的。解决我国人口问题，绝不是一个以人口来论人口的单纯人口问题，而是一个以人为本，求更好、更快发展的问题。因此，解决现有人口问题，就应在全面统筹解决的理性指导下进行。

我国实施计划生育，控制人口过快增长的巨大成效，因完全有别于大多数发达国家人口转变历经的长过程，所以反映在人口年龄结构变动上，也与大多数发达国家形成显著而强烈的反差。对此，若不是站在年龄结构变动基础理论认识的高度，以发展战略的眼光来认识生育水平急剧下降时期带来的相应年龄结构与高生育水平时期带来的相应年龄结构形成的巨大反差，以及作用的不同与发展的规律性趋势，若不是充分认识高生育水平时期带来的相应年龄结构在未来将逐步退出，而使这种反差逐渐消失，那就无法正确认识这种年龄结构变动。可见，正确认识我国近期的人口年龄结构变动，一定要正确认识人口变动过程，务必要有一个较长时期的观念，起码要以人口的生命周期作为分析此类问题的基本长度单位，否则，就会把是非颠倒，把利弊扭曲，把相对指标与绝对指标反映的“虚”与“实”的问题对立起来，把指标的主动变动与被动变动混淆起来。由此可见，指标的局限性与利弊问题在分析中非常重要。

应用数理统计分析人口问题，既离不开对政策直接干预作用的分析，也离不开对相关经济、社会、文化等诸影响因素作用的分析。人口研究与分析，尽管涉及自然科学的不少学科，但其却归属于社会科学的人口范畴。在实施一定的人口政策下，只要把人口发展及其发展过程中的人口变动，与实施政策的效果，以及与文化、经济、社会等影响因素结合起来，就能根据其数量的相应变化关系，深刻认识人口发展过程各阶段的变化特征及规律，从而更好地指导工作，做好工作，不断地解决相关人口的新情况与新问题。

在对我国近期人口进行数理统计分析时，务必要密切结合相关人口的计划生育法律规定与相关的各项政策及人口规划，只有这样才能更好地掌握我国人口发展变化的趋势，掌握服从和服务于总任务、总目标的主动权。

在分析人口发展与经济、社会、文化等诸因素的关系时，既要看到人口发展在一定经济社会条件下有其一定的客观规律，也要看到在一定经济社会发展条件下，通过人的主观能动性，利用人口再生产的变动规律。我国实施计划生育与人口控制的巨大成效，就是在充分认识到人口再生产与经济社会和可持续发展要相适应的基础上，主动采取对策，由亿万群众几十年实践的结果。尽管在20世纪80年代初曾因不分城乡的“紧缩”生育政策而使人口控制历经曲折，使其成效大打折扣，但与国际社会相比，成效仍不失为显著，因而在人类历史上留下了光辉的一页。

第二节　数理统计在分析人口中的应用

一、应用数理统计分析人口的意义

经过人口专项调查或间接资料的收集，我们获取了所需的大量、丰富的人口统计资料，根据研究的目的，将之整理并使之系统化，至此，为分析研究工作所做的数据准备阶段，可谓已步入尾声。尽管此时的数据已能表征出一些问题的现象，但却仍不能使我们从中做出判断，并透过数据表征的现象得出数据背后的本质成因，因此说，这只不过是进行下一阶段深入分析研究的开始。然而，不少的分析研究却没有进入实质性的下一阶段，而是停留在数据阶段即表面阶段，宛如看图识字，以外在的量性数据来认识现象，然后，再以认识的现象看量性数据。这种从数据间的比较来认识现象，又从认识的现象间的比较来看数据，实际上，就是以量化了的现象——数据，来印证该现象，或者以数据表征的现象再来印证数据，即把本是一码事的量化现象的数据与数据表征的现象误认为是两码事，把分析研究局限在自身相互佐证的怪圈。当然，由此得出的结论，必将是数据与现象的一一对应，因为这是通过将同一表层的现象与表征此现象的数据进行比较得出的。对于这种从数据与现象对应一致的表象得出似是而非的结论，坦诚地说，这不是人口数理统计分析中的个别问题，而是为数不少的一种常见通病。尽管结论是悖论，但其似是而非的特点，却最能与那些非专业人士产生共鸣，因此，也最能误导舆论。

人口分析与研究，是一项专业性强的工作，既需要在始终与人口变动实践紧密结合的基础上，坚持不懈地学习，又需要勤奋努力，肯于下苦功夫地学习其相关基础理论，并将其转化为对实际人口问题认识的专业性依据，只有这样才能做到对实际人口问题准确把握和妥善解决。

应用数理统计分析人口，依照分析研究的任务、对象之不同，而采用相应不同的数理统计分析方法。对人口发展过程，以及相关人口现象数量及相关变动的分析研究，也就是根据所占有的资料，以适宜的人口数理统计分析方法，来分析研究人口与人口变动现象，在一定时间、空间及相关条件下，人口或人口某一标志特征的发展特点、变动趋势、变动规律，以及数量关系和数量与结构比、构成比的关系；与此同时，也将人口及其现象变动与特定的相关领域情况结合，来做具体的相关分析，并从其数量变化与相关结构变动规律中，探索人口与经济社会发展的相互促进与相互制约关系及其性质，从而把人口发展受计划生育调节为主的影响过程，迅速转化为以受经济社会加快发展影响为主的过程。

需要强调指出的是，在分析人口与其他领域相关问题时，必须严格区分经济社会发展对人口发展的客观要求，搞清不同人口规模条件下数量与构成比的变化发展关系，务必做到在分析时，要把其绝对数指标及其相对数指标结合起来，互相参照，否则，就会把问题的性质搞颠倒。凡是与人口相关的问题，若是在分析研究人口年龄结构自身构成比关系的问题上，产生了悖论，那么，以此为基础的其他相关结论，也必将是这种悖论的延伸。

应用数理统计分析人口的任务：①通过对人口的历史与现状分析，探索人口在近期与未来的发展趋势及可能的变化，为政府部门制订人口规划（包括近期、中期规划）、制订与完善人口政策或为制订经济社会发展规划，提供相应的人口与年龄结构参考数据；②检查、督促《中华人民共和国人口与计划生育法》（以下简称《人口与计划生育法》）及其人口规划的执行与落实情况，也就是说，不但要检查《人口与计划生育法》的执行情况、人口规划的完成情况，还要分析研究《人口与计划生育法》执行中的问题与解决办法，以及涉及全局发展的人口规划完成情况，此外，对全国或部分地区未完成人口规划之因，也要从分析中认识到哪些是主要原因，哪些是次要原因，哪些是主观原因，哪些是客观原因，并以量化方法得出不同原因的影响程度等；③力求发现新的量性关系及其与质的关联程度，为进一步研究新的数理统计分析方法及改进原有数理统计分析方法打下基础；④不断积累各种相关人口统计资料，以实践的标准对其做比较分析，以其间的差异去发现问题，以分析问题来揭示其症结，以解决其症结来纠正或改善不妥之处，这都需要实事求是地向群众做调查，来了解主体、认识主体、代表主体，并以相信主体、依靠主体来制订新规划、提出新对策；⑤人口作为国家各项管理中的重要基础参考依据，是规划以人为本的经济社会发展和构建和谐社会必不可缺的重要一项；⑥为合理规划国家或地区的经济社会发展布局，为解决城镇化进程中的大中小城市合理分布等，提供以重视人的全面发展为基础的统筹解决不同地区人口发展战略、政策导向与实施方案，这就要求深入开展综合平衡与合理布局的分析研究工作；⑦发现先进典型与薄弱环节，研究分析先进及落后的成因，使先进地区的经验得以本地化的借鉴性推广，使落后地区的教训结合本地实际来引以为戒，这是因为先进地区不是一切都先进，落后地区也不是一切都落后，先进与落后间也有个互相学习、取长补短的问题，从而使后进地区通过分析，更清楚地找出主要差距，促进转变，加速各项工作更好更快地协调发展。

加强人口数理统计分析为宏观决策服务，必须建立健全具有人口统计信息的收集、整理、归类、评估、校正、传输、检索、储存与反馈等项工作的计算机网络系统，以采用在创新理论基础上构建的最先进人口数理模型，作为相关方面的人口数理统计分析方法，以确保其结果的可靠性与权威性。此外，加强人口数理统计分析，还要加强对人口与经济社会发展，以及人口与其他相关方面的横向与纵向的关联分析，以增强对人口问题的全面认识，避免以人口论人口的片面认识。

二、应用数理统计分析人口的原则

数理统计分析人口问题，是研究人口及其相关问题的关键环节，要做好这项工作，一般应遵循以下几个重要原则。

第一，必须要以历史唯物论、当代经济学、社会学、中国先进文化精髓所提供的理念为指导，以人口数理统计分析人口的基础理论尤其是创新基础理论与最先进的科学方法、数理模型为分析依据，以国家人口发展规划《人口与计划生育法》及相关政策为度量、评估准则与检验评估对象，这就要求必须结合经济社会发展、生态环境及资源等实际状况来研究人口的历史现状及未来发展趋势，并从中找出其质性东西，为构建以人为本的和谐社会及其发展与资源、生态环境的可持续服务。要做到这一点，就必须深刻地了解具体时间、地点及国内外具体经济社会发展环境下，人口的规模、素质、结构与构成的发展变化特征，并结合具体实践与问题来进行分析研究。

第二，必须从研究人口事件、人口现象与人口总体的相互关系中，来分析研究人口的相关问题。人口事件、人口现象的变化，与相关经济社会等诸因素的关系是错综复杂的，数理统计分析人口事件和人口现象与相关因素的相互变化关系，也是一个相互交错的相关因素变化与复杂的总体自身变化分析。人口内部相互间，以及人口与外部相关因素间，都是相互联系、相互制约的关系。因此，数理统计分析人口问题一定要防止任意抽取个别事实，就来武断地做整体结论，一定要从有关人口总体的全部客观实际出发，并结合对人口自身及相关因素影响作用的分析来进行深入研究。

第三，必须在分析人口自身发展变化时，从相关人口事件、人口现象变化的内部矛盾中，抓住其质性的东西，这样才能做出正确的评价。毛泽东同志曾指出：在复杂的事物的发展过程中，有许多的矛盾存在，其中必有一种是主要的矛盾，由于它的存在和发展，规定或影响着其他矛盾的存在和发展。事物的性质，主要由取得支配地位的矛盾的主要方面所规定。人口数理统计分析，就是要分析人口自身发展过程中，人口事件、人口现象发生不同变化的主要矛盾和矛盾的主要方面，区分主流和支流、本质与现象。与此同时，人口数理统计分析还注重分析矛盾的转化条件，从而加以正确引导，促使人口朝着有利于中国特色社会主义发展方向阔步前进。

第四，必须充分利用各种有关人口统计资料，即除了自己所掌握的人口统计资料外，还要广泛收集及利用其他单位及部门所掌握的有关统计资料，必要时还要利用相关国外统计资料。运用统计资料最重要的一条是，要运用全面的或说是整体的统计资料，因为只有整体的统计资料才能排除个别偶然现象的影响，反映出研究对象的全貌，才具有充分的说服力。

第五，应用数理统计分析人口问题，应尽量采用最新而科学的数理统计方法及最新研究成果，作为分析研究的出发点，务必要对所使用的统计数据进行必要的检验、评估，验证其可靠程度，以保证统计分析与研究成果的科学性。

应用数理统计分析人口问题的原则，归结起来就是不断解放思想，坚持一切从实际出发的实事求是原则，即理论与理论创新，都要与实际相结合，都要以实践作为检验的唯一原则。

应用数理统计分析人口问题，是一项服务于全局的十分重要的工作，绝不能只从数字到数字，要剖析统计数据背后的实质、准确把握总体发展趋势。

应用数理统计分析人口问题，务必要牢牢掌握其分析过程所包括的三大系统：

①人口自身系统；

②人口所在经济社会系统（包括经济社会环境）；

③资源与生态环境系统。

三个系统是密切相关与相互制约的系统，因此，应用数理统计分析人口问题一定要注重经济社会系统与资源、生态环境系统的反馈信息，否则，就会贻误工作，甚至酿成不可估量的损失。

三、需要注意的问题

(1)统计上两个样本的差别具有显著性意义，有时并不等于其差别的实际意义，这就是说，显著性检验在统计学上的应用一定要与所研究专业问题的实际相结合。

(2)显著性检验时，应注意其资料的获取是否符合抽样要求(包括实验设计原则)，若是实验设计，一定要注意被比较样本的可比性。除对比的主要因素外，其他凡能够影响观测指标的因素及条件要尽可能相同或基本相同。

(3)比较的均数之差在无实际意义时，一般则不必再进行显著性检验。

(4)分析目的旨在确定两个样本有无差别，而不在分析其效果或其好坏，一般选用双侧检验。若分析目的旨在其效果，确定两者间的好与坏，一般用单侧检验。

(5)凡能以专业知识判断，直接可得其结论的则不需再进行显著性检验。

(6)在对称分布中，如 t 分布，单侧与双侧检验界点的关系是单侧的 $t_{0.025}$ 相当于双侧的 $t_{0.025}$，在非对称分布中，则不是这种规律。

(7)根据所比较的样本资料特点和分析目的，来选用相应的显著性检验方法，但必须注意每种显著性检验方法均有其适用条件。(如检验两个样本均数的差别应用 t 检验，其条件是要求其方差齐同性，即两个样本的方差不能相差太大，否则，就要改用校正 t 检验——t' 检验)。

(8)显著性检验的结果是相对的，而不是绝对的。它只能提示两个样本均数之差别由于抽样误差(即检验假设)所引起的可能性有多大。在判断差别有显著性时，常把 $p \leqslant 0.05$ 来作为拒绝“检验假设”成立的根据。$p < 0.05$ 的含义是，如果“检验假设”成立，则提示：仅是由于抽样误差造成两样本均数之差别的概率 p 值小于 0.05，并不含有“检验假设”绝对不能成立的内容，也就是说仍不能排除还存在着小于 0.05 的可能性是由抽样误差所致的。这就说明了原检验假设并非绝对不存在。当然，p 值越小也就越有理由拒绝“检验假设”，因此，在两个样本均数差别有显著性意义时，不能绝对断定两个样本来源于不同总体，只能提示从同一总体中抽样来的可能性不大。反之，在判断差别无显著性时，也只不过是以 $p > 0.05$ 作为不拒绝“检验假设”成立的根据。因此，习惯上把“不拒绝”作为“接受”，这其中存有逻辑上的差别，因为 $p > 0.05$ 不是说“检验假设”绝对成立，而不能拒绝。但是 p 值越大，也就越没有理由拒绝“检验假设”。在实际工作中，当 p 值比较高时，有时就作“检验假设”成立处理，因而，在判断结果时，必须写明较确切的

p 值。

(9)在判断结果时，不能绝对地说，“经过统计处理有差别”或“无差别”，只能写“差别有(无)显著性”。

四、应用数理统计分析人口的基本分析法

(一)抽样推断分析法

抽样推断分析法，即通过对抽样的样本指标的分析来推断相应总体的指标。可见，以抽样来推断、分析其总体，这是抽样调查的主要用途之一。这里涉及的是另一种主要用途，即通过抽样推断、分析，来修正全面性调查中有时难免发生的误差。例如，人口普查涉及面广、工作量大，又有一次性特点，因此，人口普查总是难免会发生调查询问与登记性误差或发生遗漏、重复等问题。为了保证人口普查的高质量，通常在普查登记之后，抽选部分地区，一般按分级、随机、等距、整群等综合性抽样，对这些地区普查管辖的范围，实施实地考察，重新逐户上门调查登记，将其结果与普查的数字进行核对，找出差额，推断整体人口普查差额的比例，修正全面的普查登记资料，以保证人口普查数据的可靠性。

(二)因素分析法

因素分析法定量分析影响人口发展的那些人口现象，以及影响人口现象发生变化的各种因素作用，具体地说，一是分析文化、教育、经济、社会及人口自身结构等因素，对人口总体变动及其趋势的影响；二是在分析相关人口总体的平均指标变动中，各类指标的水平变化与总体的结构变化，对经济社会协调发展与可持续发展的影响。

因素分析法在人口数理统计分析中的应用十分广泛，主要用来分析各种因素影响人口现象变动的程度与方向，以及人口总体的结构状态与变动趋势。因素分析法还可以用来分析人口规划执行中的优劣势，并以此为基础，做各地区间的人口变动、人口现象比较。但是，应看到致使人口发生变化的多种因素中，有内部因素，也有外部因素，有主要原因，也有次要原因，它们之间的作用大小各不一样，因此，在进行人口变动的因素分析时，必须根据人口数理统计分析任务的要求，区分各个因素的不同作用和地位，以便抓住主要矛盾，加以具体分析。因素分析法一般采用单因素分析与多因素分析相结合的方法，所谓单因素分析，就是对某人口现象影响极大、至关重要的单因素加以分析的方法；所谓多因素分析，就是把两个以上相互关联的因素结合起来进行分析，如分析一个人口的生育水平，可以把影响它的生育政策或相

关法规与对人口状况的感受与认识（受教育程度、经济、婚姻、职业、民族、家庭结构等因素）结合起来。尽管多因素分析较符合实际，但单因素分析对抓住事物的主要矛盾，透过现象揭示其本质，仍在人口数理统计分析中占有相当重要的地位。必须强调指出的是，不同历史时期以及不同历史时期的不同阶段，单因素的实质内容却有所不同或大不相同。

（三）相关分析法

世界上任何事物都是在与其他事物的相互关联与制约中存在和发展的，人口的发展过程也不例外，人口现象之间、人口现象与文化、教育水平、经济社会发展程度之间，以及人口现象与资源利用、生态环境之间，都是相互关联、相互制约的依存关系。

应用数理统计分析人口与一般统计学一样，都是在所研究的两个事物或现象之间进行，既存在着密切的数量关系，但又不像函数关系那样，能以一个变量的数值精确地求出另一个变量的数值统计。上述这类变量之间的关系可表示为 $y=ax+b$，即变量间的非确定性关系称为相关，或相关关系。相关关系的图像如图 8–1 所示（只是相关关系的一种）。

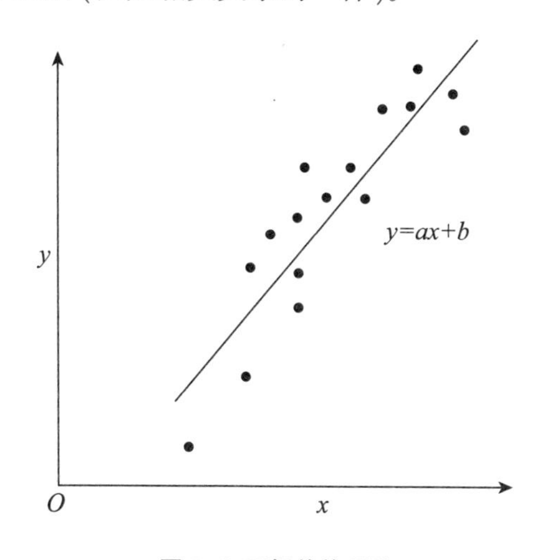

图 8–1 正相关关系图

运用统计手段研究这种相关关系的方法称为相关法。相关法所分析的统计资料之间的关系是变量间的关系。所谓变量，就是现象或现象标志的数量体现。图 8–1 中有甲、乙两个变量，在甲变量独立变动，乙变量因受甲的影响而变时，甲变量称自变量，或称可控变量，常以 x 表示（卡笛坐标的横轴），乙变量称因变量，或称不可控变量，常以 y 表示（卡笛坐标的纵轴）。变量之间的变动关系，在实际生活中，可以是单方面的因果关系，也可以是互为因果关系。

1. 相关关系按相关程度划分

两种变量，若其中一个变量的数量变化，是由另一个变量的数量变化所确定的，则称这两种变量的关系为完全相关；若两个变量的关系呈函数关系，则是相关关系的一个特殊情况；若两种变量彼此几乎互不影响，其数量变化间关系呈各自独立，则称为不相关；若两种变量的变化关系介于完全相关和不相关之间，则称为不完全相关。一般相关现象都是这种不完全相关，这才是统计学上关于相关分析的主要研究对象。

人口现象的实质是社会现象。人口现象间的相互关系错综复杂，其变量间的关系在未达稳定人口状态前，也不是确定性的数学函数关系，在做相关分析前，时常通过大量的统计观察，来消除那些无关因素的影响，以揭示有关因素的数量变化相关性。在有相关关系的分析中，若给出自变量 x 的一定数值，那么，与之对应的因变量 y 的数值一般都分布在它们平均数值的周围，变量之间这种非函数相关性的依存关系称为统计相关，也常称为相关关系。

函数相关是数学函数的研究范畴，统计相关是数理统计分析的一项重要内容。研究统计相关理论、计算方法与分析方法，称为相关分析法。相关分析的首要问题，是确定所研究现象变量间是否存在着相关关系，若存在则确立其适宜的数学表达式，测定现象变量间的相关程度，并分析相关关系中哪些是主要因素，哪些是次要因素，以及它们的关联程度，才是相关分析的目的。

然而，必须强调指出的是，虽然确定所研究变量间是否存在着相关关系，是相关分析的首要问题，但是，迄今为止，在不少相关分析的研究结论中，都或多或少地存在着相当程度的不确定性相关关系，甚至是伪相关。随着科技手段的提高与实践的进一步检验证实，不少由相关关系得出的基本结论，的确并非那么可靠，时常存在的问题，是以一种倾向掩盖着另一种倾向，或者说，只是揭示了部分表象的相关问题，而却将其更深层次的相关本质问题掩盖。这种与部分表象相关的问题实例，充斥于不少领域而不胜枚举，因此说确定所研究变量间是否存在着非函数相关性的依存关系，则是一项十分复杂而需深层追根求源的问题。

诸如，吸烟与患肺癌的相关关系，若以现代医学和祖国医学的认识，来分别分析两者间的关系，那就大不相同。现代医学以那些已有一定长时间吸烟史的人群为一个变量，而以其中患肺癌人群为另一个变量，依据这两个变量高度相关的系数，早在数十年前，就已基本认定吸烟与致肺癌间存在着高度相关的结论，若是再把所吸烟中的部分化学成分注射进小白鼠之类动物体内进行实验，通过实验得出的研究报告，就认为是致肺癌物质因素，从而断定导致肺癌概率高与吸烟不无关系，就成了现代医学的基本定论。然而，从中医学角度看，一是动物本身存在的体质差异未考虑在其内，二是被用于实验的动物生存活动所处环境也未考虑在其内，所以，动物实验本身必然会产生差异不同的结果。鉴于现代医学基本属器官医学，烟的吸入与呼出过程，因主要是通过肺的呼吸来完成的，所以，一个时期习惯于“头痛医头、脚痛医脚”的现代医学，也势必要从吸烟直接对肺的影响入手，来探索吸烟与患肺癌的关系。祖国医学对肺与其他脏腑的关系的研究则表明，探索吸烟的影响不仅直接反映在肺脏上，而且其影响还反映在肺与其他脏腑的相关系统功能及外在表象上。然而，现代医学则通过烟的部分有害化学成分的影响，来说明吸烟影响患其他疾病的问题，据报道已有约60%的疾患认为与吸烟有关。这里仅就吸烟的直接影响——是否导致肺癌概率高的问题而提出质疑，若从有数千年实证经验的祖国医学对肺癌病因的认识来分析，答案则与现代医学不尽相同。

相关分析虽然不存在数学函数关系，但是相关分析的“定量”时常以大量的统计观察为根据，其“定性”时常以大量统计观察所反映出的疑似问题为假定，并成为研究相关关系的一条极为重要的途径。通过相关分析得出的结论，有的相关因素确实存在着近乎因果性的依存关系，而有的却不存在，因此，对一些相关分析结论来说，存在不确定性的问题就绝非偶然。若能从不确定性的相关关系中，探索出其背后更深层次的质性必然，那当然是后续分析研究相关问题的正确途径。这就是说，绝不能仅凭借相关因素外在相关关系，就以偏概全地盲目下结论，而是需更深层地探索其内在的因果性关系，只有这样综合性地探索，才是科学之魅力所在。

迄今为止，仅凭相关分析的高度相关系数，就简单下结论或定论的问题，可谓比比皆是。相关分析的前提是定性准确与否，若定性出了问题，相关分析的结论怎么能令人置信？相关分析在工业、农业、医学、水文、气象、人口等方面都有应用，诸如应用相关分析得出，20世纪80年代初期至21世纪初，中国出生人口性别比异常升高的原因竟是“重男轻女的文化环境、经济社会的发展水平、生育率下降的速度与人口工作的重点”。若以此结论来分析前期20世纪70年代的中国人口出生性别比，那么，在前期条件较后期条件，有过之而无不及的前提下，前期的人口出生性别比非但没有出现较后期更为严重的失调，反而却始终正常，就足以证实此相关分析的结论是悖论。

综上所述，必须强调指出的是，对两个变量间有相关，甚至是高度相关的结论来说，因定性存在着不确定性问题，也不能证实两个事物或两种现象间就存在着本质上的相关和在专业与实践上就有实际意义。在这种条件下，变量间的相关，有的只能是局限在数字上的相关，其结论除了似是而非，最易使人产生误解外，则毫无意义。有的相关关系虽然揭示了部分变量间存在一定的本质联系，但这种相关也不一定是程度不等的因果性关系，因此，相关分析必须结合专业上的真知，才能从理论上加以阐明。可见，相关分析的前提——定性研究，既是全面而更深层次的研究，也是最终决定相关分析结论正确与否的关键。

实践检验表明：定性的准确程度，决定了相关分析结论与实际符合的程度。今天，在不少学科中都存在着或多或少的伪相关结论问题，诸如在日常生活中，反映在保健与营养学方面，因现代医药学与中医药学存在着相当大的差异，虽然迄今为止，数千年历史的无数实践都已证实了中医的“气味”理论是真理，但现代医学的发展水平，却仍要走相当长一段遥远的历程，才能证明中医“气味”涉及的博大精深的问题。

在人口数理统计分析学中，相关分析方法是把数理统计应用于分析某种相关人口现象，变量依存关系的重要方法。在相关人口现象的相关变量中，特别是在某些客观存在着相关关系的人口现象中，对其随机出现的变量间依存关系，通常是采用相关法做相关分析来确定的。

2. 相关关系按性质划分

所谓正相关，就是当一个现象的数量由小向大变化时，另一个现象的数量变化也相应由小向大变化；所谓负相关，就是当一个现象的数量由小向大变化时，另一个现象的数量却相反地从大向小变化。

3. 相关关系按表现形式划分

只要反映相关现象的一系列对应数量的变化值，在平面直角坐标系所确定的点的分布，大致呈直线状或呈直线带状，则称这种相关现象为线性相关；如果反映相关现象的相关数量点，在直角坐标系的分布并不呈直线状的线性关系，而呈近似于某种线性方程式的关系，这种相关关系则称为非线性关系。

4. 相关关系按影响因素多少划分

单相关又称单重相关，是两个相关现象数量间的关系，即一个因变量对于一个自变量的相关关系，有时也称简相关。复相关又称多重相关或多元相关，指所分析的现象是几个变量的相关，即一个因变量与两个以上自变量的复杂依存关系或相关关系。若所分析的因变量与两个以上的自变量相关，通常分别分析其中的一个自变量与因变量间的相关关系，而把其他自变量看成不变的假定常数，统计上称为偏相关或净相关。

单相关按其表现形式，可分为直线相关和曲线相关；复相关按其表现形式，可分为直线复相关和曲线复相关。

在实际工作中，如果存在多个自变量，则需抓住其中最主要、最关键的变量，把一个复相关问题化为单相关问题来分析。

相关分析，必须对所研究的相关对象及其分布是否存在相关有足够的认识，在准确把握客观确实存在相关关系这一定性的前提条件下，那么，研究事物与现象在数量上的相关，就需要应用回归分析法和相关分析法，来定量分析其相关程度。当自变量是可控变量时，变量间的关系分析称为回归分析。回归分析法是用于确定变量之间相关关系的数学表达方程式。相关分析是研究统计相关的基本方法，用以反映相关关系的表现形式及测定相关的密切程度。

（四）综合分析法

综合分析法，是对相关人口统计资料进行总体全面地剖析，以得到一个国家（或一个地区）全部人口的总概念。综合分析，就是对一个人口的横断面分析，或说是对一个人口的现状静态分析，诸如一个人口在某时点上的总数、年龄结构、性别结构，各民族人口数或其分别占其总人口的比重，以及此人口的职业构成分布、行业构成分布与不同受教育程度构成分布等。综合分析，通常可以做到对一个人口有个总体的大致粗浅了解和整体印象。

（五）平均分析法

平均分析法，是在同质总体内，计算平均数指标，该指标使构成同质总体的各个单位标志值的差异抽象化，以一个代表性的数值来表示被研究现象总体在一定具体条件下的一般水平。所谓同质总体是一定时空范围内，由同一性质的各个标志值分别构成的总体。诸如，某年一个人口的平均年龄、平均初婚年龄、平均初育年龄等。根据同质总体计算的平均数，也称为总平均数，它主要受两个因素影响：一个是标志值的水平，另一个是总体各类单位的结构与构成分布。两个因素中的任何一个因素变动，都会对平均数指标产生影响。

平均分析首先要根据所研究客观现象总体的标志，把对构成同质总体的各单位，按对总体影响较大的有关标志进行分组，计算分组平均数，以来补充总平均数只能反映所研究现象总体一般水平，而不能反映总体各单位间存在差异之不足；以分析有关因素对平均水平的依存关系，以及总体内部结构与构成对平均水平的影响，来揭示所研究现象总体的本质特征及相关规律性特征，以深化说明所研究现象变化的原因。

在平均分析法中，以平均数指标为基础，结合应用测定标志变动度大小的变异指标，是运用平均分析时所采用的一个重要手段。通常在各单位标志值分布比较集中，且变异指标较小时，平均数指标的代表性高，反之，平均数指标的代表性就差。因此，将平均数指标与变异指标结合应用，其主要作用有两个方面：一方面，平均数指标表明了人口某一现象总体所达到的一般水平，而变异指标所示的标志变动度大小，说明的是用平均数表示人口现象总体一般水平的代表性高低；另一方面，在确定了人口某一现象水平的基础上，可运用变异指数来分析各单位标志值的变动，以说明该现象的稳定性程度。

在研究人口某一现象总体的一般水平特征时，为了揭示总体内部的分布结构，分析其发展变化过程，就要按被平均的标志分组，编制分布数列。有了分布数列，便可说明该现象总体各单位标志值在各组之间的分布情况，并能补充该现象总体标志的平均特征，即补充平均数指标的不足。

平均分析，既要看到平均数有综合反映人口某一现象总体一般水平的一面，又要清楚地认识到平均数把其总体内各单位标志值差异与各类单位结构抽象化掉的另一面。

平均分析一定要结合其总体单位的特殊实例，即一定要与具体情况相结合，才能使平均数的内涵丰富而生动：既可看到平均水平，也可看到其现象的总数量、总水平及内在差异。

若是对所依据的具体资料及其形成之因，继续进行调查、分析，则可进一步深化平均分析。

（六）纵向分析法与横向分析法

纵向分析，从宏观意义上说，是从历史发展的角度，对人口现象及其变化过程进行动态分析。所谓动态分析，就是把一个时期内表征不同时点人口及其现象的指标，进行连续观测，分析其间的数量变化关系及变动过程，并认识其在特定时期的规律性特征，从而预见其在未来一定时期内的可能发展趋势。

人口动态分析，就是把表征一个人口及其现象在某一时点的静态指标，纳入一个时期来连续观测并分析。因此，通常的人口动态分析，首先是要积累和掌握所分析人口及其现象在近期不同阶段和现在的某一时点静态人口统计资料，并将其编制为动态序列。所谓动态序列，也称为以时间为序的时间序列，即以时间为序，顺序排列不同阶段和现在某一时点的静态人口统计资料，这样便可做初始至今的前后对比动态分析与变动过程的动态分析。

动态序列也可以由总量指标构成，以总量指标构成的动态序列，称为总量指标动态序列，诸如一个人口各年的连续人口数；以相对指标和平均指标构成的动态序列，分别称相对指标动态序列与平均指标动态序列，诸如一个人口以年的顺序排列的粗出生率、粗死亡率、初婚率、一般生育率、少儿人口比例、劳动年龄人口比例、老年人口比例、城镇人口比例，均称相对指标动态序列，一个人口以年的顺序排列的平均初婚年龄、平均初育年龄，人均收入、人均居住面积……为平均指标动态序列。

在动态序列中，总量指标动态序列是最基本的，相对指标动态序列及平均指标动态序列，均是总量指标动态序列的派生。凡表示人口及其现象的数量指标动态序列，均是反映其在一段时期内，以时间为序在不同时点的总量，若连续观察就是其总量变动的发展过程，因此，动态序列属时期范畴，简称时期序列。

横向分析，指对某一时间不同空间的人口及其现象做比较分析，其揭示的是人口及其现象在某时间上的静态状况差异，然后，通过对这种静态状况差异的比较分析，探索导致变动的实质；纵向分析，指对反映在不同时间上的一个人口自身及其现象的静态状况做连续观察与分析，其揭示的是一个人口自身及其现象在不同时间上的动态变动发展过程，其实质是把一个人口自身，在一定时期内不同时间上用之作横向比较的静态指标，进行纵向观察动态分析，其静态指标在纵向分析中是动中之不动的相对静态。

横向分析与纵向分析的结合，就是同时间上的静态（或相对静态）指标的比较分析，与不同时间上的静态（或相对静态）指标比较分析的结合。它不仅使人口数理统计分析有“形”有“色”，而且还给人以“立体”和“活”的感觉，使人们对所分析的人口及其现象，在一定时期内的变动过程及现状有一个全面的了解，横向分析能够对不同空间的人口及其现象做比较分析，纵向分析能够对一个人口及其现象在不同时间上的不同状况做动态分析，从而探索规律性东西来对未来一定时期内的发展趋势做出可靠估计。

（七）宏观分析与微观分析法

所谓宏观分析，对人口而言则指的是，相关人口整体的状况、结构、分布、变动及发展趋势等问题的分析。所谓微观分析是相对宏观分析而言的分析，它涉及的是构成人口整体的不同规模子人口的状况、结构、分布变动及发展趋势等问题的分析。

宏观分析与微观分析，从根本上说，主要为了抓好两头。一头是为解决宏观决策问题所必需之处，诸如国家人口的中长期发展规划及发展战略、相关人口问题的生育政策及其他政策的制订及其是否是从本国的文化、民情、国情出发，是否是与经济社会发展的现状趋势和可持续性相适应相协调，足见这是一个事关全局，有重大长远意义而必须统筹解决的问题。因此，首先应由专家组成的智囊机构充分发表意见，然后，智囊机构根据信息部门提供的相关信息资料、最新研究成果，以及相关实地调查，通过采用最先进最符合实际的分析技术来深化研究，提出可供决策参考的研究成果与选择方案及建议，最后报送中央地方决策部门，并按分级管理的职责范围进行审定。这之中即使是一些领导人的建议，亦需经专家咨询机构评估，决定是否予以确认，这样才能减少决策的失误。在人口规划及其政策确定以后，若在执行过程中，实践已证明所制定的人口规划与相应政策有不切合实际之处，就应及时地做适当调整和修订。另一头是为贯彻落实宏观决策，所需建立的微观具体实施层面，即在构成总人口的各个子人口中，建立执行的运行层面，它是宏观决策能否顺利实现的保证。若自上而下的宏观指导与督察措施，得不到微观的响应，微观与宏观处于步调不一致状态，那么，宏观决策一定存在着背离客观实际的问题，其结果，不是政策能否落实与规划目标能否实现的问题，而是势必都要落空的问题。

如果说宏观分析具有整体性和趋势性，那么，微观分析则具有深刻性及具体性。没有宏观分析便不能揭示人口的概貌及发展趋势，没有微观分析则不能揭示其中的具体差异及影响宏观变化的症结所在，即缺乏深度。

此外，通过微观分析也可以发现宏观层次存在问题的症结，因此，只有把宏观分析同微观分析结合起来，才能使决策与执行做到统一，才能使人口数理统计分析既全面又深刻，从而做到有“形”也有“色”、有整体也有局部、有现状也有趋势、有一般也有典型。

宏观分析在我国人口中的运用，相对来说比较早，主要是因为宏观的需要及人口统计资料也基本是局限在宏观层次的，所以，人口发展的初始阶段，对宏观分析比较注重。我国作为世界最大的发展中国家，其特殊的现阶段基本国情是，不仅人口过多，人均可耕地少，人口规模居世界第一，而且人口的分布又不合理，素质也不太高。随着经济社会加速向求质阶段的高速发展，根据全面深入解决人口问题的客观需求，研究有关人口素质构成、人口迁移构成、人口地域与城乡分布、家庭构成、老年人口的需求与消费特征与人口年龄结构转化基础理论方面的课题日趋增多与活跃。这种深化的研究与分析，以及注重不同人群行为科学的微观分析，即从微观入手进行宏观战略研究的成果，更加注重了以人为本的民生与民主问题，从而也使政府的宏观管理更加体现了服务与贴近大众。

众所周知的西方“人口转变论”，是在占有相当丰富的人口资料基础上，进行宏观分析研究的结果。从研究的逻辑关系上讲，人口转变理论也是一个用动态分析法，大量观察出生与死亡变动要素的变化规律，而获得的归纳性理论，但推而广之，就难免带有其历史的局限性。西方社会科学应该说是建立在分析、归纳基础上的科学。归纳性结论与推演性结论，在质量上大不相同，归纳性结论是根据大量的观察来分析、验证各种人口变动要素间的关系假设，或人口变动要素与经济社会关系间的假设，并用大量观察及统计资料的分析来证明或推翻种种假设；而推演性结论，可能是根据很少数的观察或个案观察，在其现象之后推演出的结论。

（八）量分析与质分析

量分析必须与质分析相结合。所谓量分析是规模分析、平均分析、对比分析、动态分析、因素分析、结构分析、构成分析、平衡分析。

人口现象及其变化，同其他事物一样，都是质与量的统一。若只注重一方面，而忽视了另一方面，就会使人口数理统计分析的结果带有片面性。

人口的量分析，是人口现象和以人口发展为内容的各项的变动速度与规模大小的分析，诸如人口的素质、规模、结构、构成、分布等的量分析；人口的质分析，其“质”的含义绝不单纯是人口的素质，而是包括其素质在内的规模、结构、构成、分布等的量是否朝着与经济社会发展相协调，与资源利用、生态环境改善相适宜的这个“本质”方向发展，或是否处于相协调与相适宜的“本质”状态。可见，人口的质分析，是一种具有方向、本质与规律性特征的分析。

人口的量分析是人口的质分析的基础，而人口的质分析又是判断人口量变动方向正确与否的标准，即只要人口现象变动的量，是将人口置于或是将人口朝着与经济社会发展相协调，与资源利用、生态环境改善相适宜的方向发展的，那么，表征人口现象变动的绝对量与相对量指标，诸如人口年龄结构变动，无论是增还是减，是升还是降，是快还是慢，都是利而不是弊的。

在一定时期内，有的国家主张提高生育率、增加人口，而有的国家却主张降低生育率、减少人口，只要分别都是为使其人口朝着与经济社会发展相协调，与资源利用、生态环境改善相适宜的方向发展，都是无可非议的。如果将量性变动方向截然相反的两个人口，不按同一个“本质”标准来判别，而是脱离具体问题具体分析的原则，必会从变动方向截然相反的两个量，得出根本不同的结论，而把人口问题的本质扭曲。

人口的量分析离不开质分析，这就要求一定要以质的标准来认识量的变动，并以量的变动速度及趋势来认识其质变的过程。所谓质变过程，就是人口从发生部分质变开始到完全与经济社会发展相协调，与资源利用、生态环境改善相适宜的过程。因此，质变转化程度过程的量分析是一个长过程，其长度最起码要以所分析人口的生命周期（约等于此人口的平均期望寿命）为单位来度量，之所以如此的规定，完全是由人口再生产的自身特点所决定的。

人口的质变过程，也是其年龄结构的“本质”转化过程。质变转化过程越短或越快，那么，从低龄向高龄的逐龄结构转化也越明显，与其他年龄形成的反差也越突出。如果仅从绝对或相对指标的量分析，来认识年龄结构变动，就会得出一个时期是“利好”与一个时期是“利空”的矛盾现象。所谓“利空”时期，也是一种假象，这是指标的局限性所反映出的问题。如果认识到这种指标变动，是质变程度转化过程的必然反映，那么，就会认识到这也是年龄结构向“本质”转化的必经过程。然而，不少人把假象误作真相，其原因就出在分析人口问题，未从人口自身更替的周期长这一基本特征出发，当然，把一个理应需纳入较长期来判断的正与误问题，而错将其置于一个不满足其生命周期长度的短期来分析，其结论将会是悖论。

人口的量分析与质分析，必须将其置于相关的经济、社会、资源、生态环境等方面来分析，如果离开与之相关的诸方面，而仅是人口自身的分析，则什么也说不清、道不明，甚至无意义。

五、应用数理统计分析人口的指标

应用数理统计分析人口的指标，指的是人口分析所使用的那些定量反映人口事件、人口现象特征的统计指标。人口的分析指标，是相对基础指标而言的指标，所谓基础指标，是那些直接反映通过分类、加工整理与汇总了的数据性指标，诸如人口普查、人口调查、人口登记之类的统计资料。人口基础指标，是分析指标设立的前提与基础，通常不能直接用来进行分析。直接用来做分析的指标是分析指标，例如，分析某年某人口的出生率时，某年某人口的出生人数与年均人口数均为基础指标，而根据出生人数与年均人口数所计算的出生率则是分析指标。然而，区分基础指标与分析指标又是相对的，一种条件下的基础指标，在另一种条件下可能是分析指标，这一要点十分重要，否则，就会把所分析的一个具体人口规模或其总体事件、现象的年规模这一重要前提条件丢失，从而把一定条件下的人口问题扭曲。

应用数理统计分析人口常用人口指标，主要可分三大方面。

（一）应用数理统计分析人口的数量指标

人口统计指标的数量虽很多，但归纳起来却只有两类：一类是时点指标，也称静态指标；另一类是时期指标，又称动态指标。

1. 静态指标

所谓静态指标，是反映一个人口或其人口事件、人口现象在某时点上的状况，例如，某人口在1972年2月4日出生的人数为120人，它表明的是某人口此年此时点范畴的出生人数，或说这是其人口连续不断出生事件的一个横断面，或说这是其人口连续不断出生事件的一个相对静止的“瞬间”状况，诸如此类的人口静态指标不胜枚举，如常见的年终人口数就属年终时点人口数。若是将1978 ~ 1980年中国各年的年终人口数累计相加，其结果为29.116亿，显然是毫无意义的。足见，在同一空间范畴——中国，这样的限定条件下，同一时点的指标则不具累计相加性；然而，同一时点的指标若不属同一空间范畴，那么，同一时点的指标则又具累计相加性，并确有意义，诸如2010年的中国第六次人口普查，同一时点上的北京市人口19612368人和天津市人口12938693人相加，则表明那时两市的总人口数为32551061人，而各省、自治区、直辖市人口累计相加之和，则表明那时全国的人口为1332810869人。

2. 动态指标

所谓动态指标，指人口在某一段时间限定的时期内，持续的自然变动与社会变动指标。例如，某人口在一年期内，按出生、死亡、结婚、离婚、迁入、迁出划分的各总数，分别表明此人口一年时期内，在各个时点上所发生的各个相应自然变动指标与社会变动指标的总和。诸如，某人口一年期内的出生总数，可以把一年粗略地细分为以日为计量单位，那么，每日不同的出生人数之总和就是年出生总数，因此，年出生总数就不是某一时点（此处指日）上的出生人数反映，而是在一年时期内连续不断出生人数的累计结果。

可见，人口的动态指标，是一定时期内各个时点上相关人口事件或人口现象连续变动累计的结果。若把某一个时期细分为某一单位时间的时间序列，来纵观一个人口的相应人口事件，那么，这个人口的相应人口事件就呈时间序列的变动状态。动态指标的变动与相应时期的间隔长短直接相关（稳定人口除外）。所谓人口统计指标，既是人口统计所研究的人口（事件）现象或状况，在一定时间、空间及其他限定条件下的数量标示，也是相对人口而言的相关现象或状况的量值标示，通常由指标名称与体现指标名称的度量值这两部分构成，并分为绝对指标与相对指标。

人口统计指标，按其“量”与“质”划分，可有量性统计指标与质性统计指标。这里指的“量”与“质”，是相对人口统计指标而言的“量”与“质”，而不是相对人口而言的“量”与“质”。

所谓量性人口统计指标，是一种指表征人口规模及其一定标志的量性指标，它表征的人口数量大小或一定标志的数量多少，因量值形式都为绝对数，故又有人口绝对量统计指标之称。

人口以群体、子群体划分，是一个相对而言的概念。若一个人口以群体划分，那么，各群体的总和是总群体，即总人口。从此意义上说，总群体统计指标就是总人口统计指标，它用以表征所研究对象整体的一般情况，即表征所研究对象的总体状况、总体水平与总发展趋势。总群体还可以根据研究任务的具体要求，按一定的标志分组统计，并以分组统计指标间的差异来做深入的具体分析。

统计上把以相对数为标准所确定的指标称为相对指标。相对指标的数量占统计指标的绝大多数，通常可用之做不同人口间的比较与不同人口问题的分析，相对量性人口统计指标而言，人口相对统计指标则可称为质性人口统计指标。

所谓质性人口统计指标，是以相对的量值表征人口的自然变动与社会变动的统计指标。

所谓人口统计指标体系，是人口统计指标中的那些有相互联系与制约关系的一系列统计指标，但绝不是指标的罗列。

在人口统计工作中，时常根据实际需要来确定统计口径。所谓确定统计口径，是按指标的概念来确定相应的标志与时空限定准则，从而使所获人口统计资料具有准确性、可靠性与可比性。确定统计口径，是以明确的概念对所研究的具体人口现象加以严格的区分、判断，确定哪些现象应纳入所分析研究和计算的统计指标范围，哪些人口现象则应不包括在其内的准则。

必须强调指出的是，确定与统计指标概念严格一致，以及与限定的时空严格一致的统计口径，不仅是人口统计工作的准则，也是数理统计分析相关人口问题必须遵循的准则。根据所研究专题的问题特性，常又依据需要而设计若干专门指标，并明确其概念、确定其统计口径而重新汇总获得新统计指标。有时还根据整体与基层的不同需求，将统计指标分为相对的宏观统计指标体系与微观统计指标体系。

任何一项人口统计指标，都以量的形式来表征客观的人口现象或状态。任何人都不能以任何形式进行主观随意地变更或编造。人口统计工作必须尊重客观实际，坚持实事求是的原则，统计人员要做到一丝不苟，严肃认真。

一个总体数字是由许许多多个体数字累计而成的，一个地方，一个环节不准确，就会使总体指标不准确而不能如实的反映客观实际，稍有马虎或主观草率从事，就有可能贻误我们的工作，并造成相应的损失。

任何一项统计指标一经发现差错，一定要查找清楚，反复核实，依据实际予以纠正。人口统计指标是以客观实际为准绳，一切没有实际依据的虚假人口统计资料，都与人口统计工作不相容。

每一项人口统计指标都有它有限的具体内容及应用范畴，随着人口变动而相应产生的不同问题，以及解决问题和把握人口发展趋势的客观需要，也需不断地丰富与创立人口统计指标及其体系，为全局与实际工作服务，所以说，新的人口统计指标及其指标体系的建立，是客观实践发展到一定阶段的具体需求产物。诸如，中国实施人口控制与计划生育后，应运而生的统计指标有独生子女比例，孩次构成比例，平均生育孩次，计划内、计划外生育孩次比例，计划出生率，分孩次计划终身生育率，分年龄孩次别递进生育率，分孩次总和递进生育率值，总和递进生育率值等，它们都是计划生育工作执行情况的一种表征。特别要指出的是，凡经实践已证实原有统计指标确实不能如实反映实际，但历经反复研究发现其症结，并取得突破性的新方法论，必有在相关基础理论上的创新。在新理论的基础上，也定会有相关创新指标及其指标体系，诸如，分年龄初婚递进率与总和初婚递进率值，分年龄孩次别递进生育率、分孩次总和递进生育率值与总和递进生育率值；出生性别比新理论，以及在此基础理论上的出生顺序与性别次序和出生性别比指标体系及其理论值域。

每一项人口统计指标，都只能反映人口某一特定人口现象或人口状况的一个侧面，都有其一定的局限性，诸如：粗人口出生率是一个人口在某一年期内的出生总数与该期间人口的年中人数之比，并以千分数表示，表明一个人口年内每千人中的出生人数。人口出生率之所以称为粗率，就粗在它的生育对象是以不分男女老幼的全体人口作分母的，即把不能生育的男性人口以及不到育龄期的少儿人口和退出育龄期的妇女都囊括在其内。出生人数的多少，主要取决于育龄妇女的生育水平及其年龄结构，因此，在一定生育水平下，育龄妇女的年龄结构是影响出生人数多少的一个关键因素，若计算育龄妇女生育率则又不能反映人口每千人中的出生人数。可见，每一项人口统计指标都有其独立的含义和特定的用途，研究和分析人口问题或描述人口现象或状况，都必须要正确地选择和运用人口统计指标。

（二）应用数理统计分析人口的质量指标

应用数理统计分析人口的质量指标，主要是反映涉及人口素质的德、智、体、美四方面内容，诸如经常使用的人口平均期望寿命，以及卫生统计中使用的遗传病比例、生理缺陷比例低能比例、高龄人口比例等，均是反映人口体质方面素质，涉及相关受教育的指标；经常使用的文育率、识字率、入学率、各种受教育程度比例等，均是反映人口智方面素质的指标；反映人口德与美方面的指标，因各国的文化、政治制度、道德规范、宗教信仰等的差异，其标准在不少方面不相同，乃至有本质性差异，所以，大多数西方国家常以犯罪率来作为德方面的评估指标，鉴于各国的法律规定存有不小的差异，以犯罪率来进行评估、比较，也相对较为困难。迄今为止，评估与比较各国人口素质的指标，通常因在德方面的可比性差或难以比较而常被排除之外，德与美的度量都属仍在探索中的问题。

（三）应用数理统计分析人口的控制指标

应用数理统计分析人口的控制指标，主要指在实施一定的法律法规与政策控制下的某些指标，诸如在婚姻方面有早婚比例、普通（一般）初婚比例、晚婚比例、平均初婚年龄、分年龄初婚递进率、总和初婚递进率值等；在节育措施实施方面有避孕比例、人工流产比例，避孕有效率等；在计划生育成效方面有计划内生育比例、计划外生育比例、孩次出生比例、平均生育孩次晚育比例、总和生育率值、分孩次总和递进生育率值与总和递进生育率值等；在迁移与流动方面有迁入量、迁出量与净迁移量，流入量、流出量与净流入量。

参考文献

[1] 李尚志，陈发来，吴耀华，等 . 数学实验 [M]. 北京：高等教育出版社，1999.

[2] 王梓坤 . 概率论基础及其应用 [M]. 北京：科学出版社，1976.

[3] 盛骤，谢式千，潘承毅 . 概率论与数理统计 [M].4 版 . 北京：高等教育出版社，2010.

[4] 李博纳，赵新泉 . 概率论与数理统计 [M]. 北京：高等教育出版社，2006.

[5] 孟昭为 . 概率论与数理统计 [M]. 上海：同济大学出版社，2005.

[6] 魏振军 . 统计通俗读本：探访随机世界 [M]. 北京：中国统计出版社，2010.

[7] 王颖喆，程丽娟，等 . 概率与数理统计习题精解 [M]. 北京：北京师范大学出版社，2010.

[8] 高志强，庞彦军 . 概率论与数理统计 [M]. 北京：科学出版社，2012.

[9] 施雨，李耀武 . 概率论与数理统计应用 [M]. 西安: 西安交通大学出版社，1998.

[10] 杨德保 . 工科概率统计 [M]. 北京：北京理工大学出版社，1994.

[11] 王光锐，温小霓 . 概率论与数理统计 [M]. 西安：西安电子科技大学出版社，1996.

[12] 肖筱南，茹世才，欧阳克智，等 . 新编概率论与数理统计 [M]. 北京：北京大学出版社，2013.

[13] 王学民 . 应用多元统计分析 [M].2 版 . 上海：上海财经大学出版社，2004.

[14] 张帼奋，黄柏琴，张彩伢 . 概率论、数理统计与随机过程 [M]. 杭州：浙江大学出版社，2011.

[15] 胡健颖，孙山泽 . 抽样调查的理论方法和应用 [M]. 北京：北京大学出版社，2000.

[16] 徐全智，吕恕 . 概率论与数理统计 [M]. 北京：高等教育出版社，2010.

[17] 茆诗松，周纪芗 . 概率论与数理统计 [M].2 版 . 北京：中国统计出版社，2000.

[18] 玄光男，程润伟 . 遗传算法与工程优化 [M]. 北京：清华大学出版社，2004.

[19] 刘祖洞 . 遗传学（上册）[M].2 版 . 北京：高等教育出版社，1990.

[20] 巩敦卫，郝国生，周勇，等 . 交互式遗传算法原理及其应用 [M]. 北京：国防工业出版社，2007.

[21] 谢云荪，张志让 . 数学实验 [M]. 北京：科学出版社，1999.

[22] 成平，陈希孺，陈桂景，等 . 参数估计 [M]. 上海：上海科学技术出版社，1985.

[23] 陈希孺，方兆本，李国英，等 . 非参数统计 [M]. 上海：上海科学技术出版社，1989.

[24] 茆诗松，王静龙，濮晓龙 . 高等数理统计 [M]. 北京：高等教育出版社，2006.

[25] 吴喜之 . 现代贝叶斯统计学 [M]. 北京：中国统计出版社，2000.

[26] 张尧庭，陈汉峰 . 贝叶斯统计推断 [M]. 北京：科学出版社，1991.

[27] 沈恒范，严钦容 . 概率论与数理统计教程 [M].5 版 . 北京：高等教育出版社，2011.

[28] 陶谦坎 . 运筹学 [M]. 西安：西安交通大学出版社，1987.

[29] 万福永，戴浩晖，潘建瑜 . 数学实验教程 [M]. 北京：科学出版社，2006.

[30] 李惠村 . 欧美统计学派发展简史 [M]. 北京：中国统计出版社，1984.

[31] 高庆丰 . 欧美统计学史 [M]. 北京：中国统计出版社，1987.

[32] 刘凤歧，杨欢进，王毅武，等 . 当代西方经济学辞典 [M]. 太原：山西人民出版社，1988.

[33] 刘晓东 . 中国当代经济科学学者辞典 [M]. 上海：上海社会科学院出版社，1992.

[34] 赵彦云，贾俊平，金勇进 . 社会经济调查方法与应用 [M]. 北京：中国统计出版社，1994.

[35] 王铭文 . 概率论与数理统计 [M]. 沈阳：辽宁人民出版社，1983.

[36] 魏振军 . 统计通俗读本：漫游数据王国 [M]. 北京：中国统计出版社，2010.

[37] 马文 . 概率应用及其思维方法 [M]. 重庆：重庆大学出版社，1989.

[38] 蔡贤如，刘振忠，邹尔新，等 . 概率论及其应用 [M]. 沈阳：辽宁科学技术出版社，1993.

[39] 杨波 . 现代密码学 [M]. 北京：清华大学出版社，2003.

[40] 陈希孺 . 概率论与数理统计 [M]. 合肥：中国科学技术大学出版社，1992.

[41] 王天营 . 谈数理统计在统计学中的地位 [J]. 统计与决策，2006（9）.

[42] 何鹏光 . 充分统计量的证明及其相关结论 [J]. 阜阳师范学院学报（自然科学版），2006.

[43] 覃光莲 . 数学期望的计算方法探讨 [J]. 高等理科教育，2006（5）.

[44] 徐传胜 . 离散型随机变量数学期望的求法探究 [J]. 高等数学研究，2005（1）.

[45] 张忠诚 . 参数极大似然估计的几点注记 [J]. 高等函授学报（自然科学版），2006，20（2）.

[46] 熊桂武 . 概率方法在不等式证明中的应用 [J]. 重庆师范大学学报（自然科学版），2003，20（4）.

[47] 赵瑛 . 关于泊松分布及其应用 [J]. 辽宁省交通高等专科学校学报，2009，11（2）.

[48] 燕乐纬，陈洋洋，周云 . 一种改进的微种群遗传算法 [J]. 中山大学学报（自然科学版），2012，51（1）.

[49] 金明 . 遗传算法在参数估计中的应用 [J]. 统计教育，2005（12）.

[50] 熊彦铭，毛凌，杨战平 . 基于遗传算法的时间决策系统指定优化方法 [J]. 电子科技大学学报，2012，41（1）.

[51] 陈红，山其骞 . 几种重要统计量数字特征的简算法 [J]. 青岛大学学报（自然科学版），1999（1）.

[52] 蒋志华 . 沃纳模型的质疑 [J]. 成都信息工程学院学报，2003，18（1）.

[53] 李慧琼，陈振龙 . 不等式证明中的概率方法研究 [J]. 长江大学学报（自然科学版），2008，5（1）.

[54] 李秀兰 . 对教材中有关次序统计量分布证明的一点看法 [J]. 山西大同大学学报（自然科学版），2000（6）.

[55] 白兰 . 条件概率及其应用 [J]. 南昌高专学报，2012（1）.

[56] 李海成 . 条件概率在通信中的应用 [J]. 丹东纺专学报，2005，12（1）.

[57] 吴世锦 . 关于条件概率一类应用题解答的剖析 [J]. 黔东南民族师专学

报，2000，18（3）.

[58] 顾晓青 . 全概率公式的应用 [J]. 沧州师范专科学校学报，2000，16（2）.

[59] 陈明珍 . 全概率预测法 [J]. 科技管理研究，1984（2）.

[60] 徐传胜，郭政 . 数理统计学的发展历程 [J]. 高等数学研究，2007，10（1）.

[61] 金兰 . 回归分析与方差分析教学的几点思考 [J]. 统计教育，2006（11）.